粗茶淡饭

梅子金黄杏子肥

高维生 著

团结出版社

图书在版编目（ＣＩＰ）数据

粗茶淡饭：梅子金黄杏子肥 / 高维生著. -- 北京：
团结出版社，2021.3
ISBN 978-7-5126-8225-2

Ⅰ．①粗… Ⅱ．①高… Ⅲ．①饮食－文化－中国
Ⅳ．①TS971.2

中国版本图书馆CIP数据核字(2020)第167246号

出　版：团结出版社
　　　　（北京市东城区东皇城根南街84号　邮编：100006）
电　话：（010）65228880　65244790　（出版社）
　　　　（010）65238766　85113874　65133603（发行部）
　　　　（010）65133603（邮购）
网　址：http://www.tjpress.com
E-mail：zb65244790@vip.163.com
　　　　fx65133603@163.com（发行部邮购）
经　销：全国新华书店
印　装：三河市东方印刷有限公司

开　本：146mm×210mm　　32开
印　张：9.125
字　数：140千字
版　次：2021年3月　第1版
印　次：2021年3月　第1次印刷

书　号：978-7-5126-8225-2
定　价：36.00元

目录

沉淀于身体的记忆

从北方来到南方，地域发生变化，生活节奏转换，头几天适应不了。在阴冷的南方，我写作这本书，对于饮食的记录，不是为了冠以美食家称号，而是关注更多的文化。离开生长的家乡，回忆中不仅是那片土地，更是记忆中的味道。

人类学家张光直指出："我确信，到达一个文化的核心最好方法之一，就是通过它的肠胃。"每一种食物都有各自的文化特征，通过舌尖感受，沉入身体深处，烙下不可磨灭的记忆。

菜是地方特色代表，也是标志性景观。去远方旅游，除了准备途中必需物品，要做一下功课，搜寻资料补充头脑，让后脑室的仓库多储备知识。来到陌生环境，参观古遗迹、老建筑，重要的是舌尖感受，品尝当地美食，让精神和感观融为一体。

我二十出头离开东北老家，来到山东滨州，如今人过五十，重新寻找身份认证，在漫长时间中，味道是最好的证人。我来到山东三十多年，生活改变许多，熟悉这里的风土人情，以及饮食习惯，未变的是味道。我至今爱好吃酸菜、辣椒炒干豆角、韭菜盒子、猪肉炖粉条，甚至从老家带来食材。从它们的身上寻找情感，回到了热爱的故乡。不论走多远，即使口音发生变化，但口味是自己的故乡。

多年漂泊，去过不同的地方，品尝各种食物，回忆是丰盛的财富。《吕氏春秋·适音》指出："口之情欲滋味。"情是情感表现，人的心理活动，欲是生存和享受的需要，它是生理活动的范围。当两个字成为词组，融会成厚重的意义。

人们愿意追求好的东西，这是出于从内心对美的追求。古希腊数学家、思想家毕达哥拉斯说："美就是和谐。"那么美食之所以好，因为它和谐。特定的食物与调料，配以恰当火候、美丽器具，呈现一片和谐，美食诞生了。当美食在某一时间、地点，遇到了懂的人，形成和谐的饮食文化。当不同地域的饮食相遇，构成中国的饮食文化。各地的饮食不冲突，无论什么口味的人，都能遇到适合自己的味道。很多人认为各种饮食的交织，它们是碰撞，其实是和谐相融的产物，不是对抗。

食物和食物，食物和人，也要和谐。食材各个组成部分的和谐，构成菜肴的和谐。至此，这份菜肴只能称为"好"的食物。为什么好字加上引号？这个时候，不是百分之百的好，还不能称为好的美食，当食物与品尝人发生关系，产生主体间性，两者和谐互动才能变成真正的美食。

吃不是生物性本能的需求，而是承载了文化的重量。食物在人类学家眼中，不仅在肠胃里消化，它的色彩、气味和形状，还唤起对时间、地点和人物的回忆。

在寒冷的冬日来到了北碚，现在已经是三月，玉兰花开过，紫荆花又开。我居住的杏园，不远处是西南大学文学院，每天都要经过，雨僧楼环抱绿树中，当年吴宓在此工作的地方。大门前有两座塑像，鲁迅先生坐在藤椅上，手中夹着一根烟，头略歪斜，冷静地注视前方。吴宓穿着长袍，眼睛中流出的目光，较鲁迅先生温和，左胳膊垂落，略微弯曲，拿着一本书。

雨僧楼后的宓园，中央是吴宓的头像，座基上有一行金字，

粗茶淡饭： 梅子金黄杏子肥

写有"1894—1978 年"。园子不大，铺满落叶，枯叶中钻出绿草。周围种植高大各异的乔木、青桐、棕竹、女贞，芳香四溢的桂花、紫叶李、红叶桃，有一片鸢尾花，白色的小花安静地绽放着。我只要有时间，就坐在石阶上，面对大师吴宓的塑像。

在西南大学的杏园，行走回忆中，每份菜肴感受不一，口味不同。当口味前加上地域两字，所有的一切发生变化，这就是我寻找的地域文化。无论过去，还是现在，饮食的丰富性，不在于带给人吃的快乐，各个民族、各个地方的食物，更能体现文化的复杂性。

人类学家彭兆荣指出："品尝不是单纯的吃，它由身心与共，整个身体器官共同配合完成。口味绝不是天生带来的，它受家庭和所处的地域文化模式的影响，还有记忆的作用，形成个人的口味，乃至本民族的口味。"

食物离开自己的地域，流传至别的地方，想品尝原汁原味，已经很难。原味经过空间、时间和厨师个人的喜好，发生巨大变化。人们只是通过食物名，找到它的来源地，至于其他的文化记忆，难以知道。

当一本菜谱出现在眼前，由于特定的地点，人的心情发生变化。众多菜名中，寻找适合自己和客人的、具有代表性的当地名菜。这个菜是餐桌上的主角，包含历史和文化的记忆。

一道菜恰似打开的书，我们急于阅读，欣赏陌生环境。情节的复杂，众多的人物，表现社会生活，反映某个时代的历史面貌。从菜的味道中考察制作过程、材料的来源，想知道创造此菜人的经历。

当一种食物与另外地域的食物遭遇，在情感上是冲突和矛盾的。食物与地域环境有关联，我在北碚，春节前朋友送来两块腊肉，教我做菜的方法。腊肉挂阳台上，每天看到它束手无策，不知怎么面对。心理学博士高淳海说："这是一个全民美食的时代，美食不仅可以吃，还可以读。用眼睛代替嘴巴，用思想上的美与满足代替饱腹。"每一个人都有自己的生存文化体系，当他离开生长的地方，就会面对新的文化。食物是一棵大树，根须扎在特定的土地上，由此伸展出民俗、历史、人物、传说。

我去过一些地方，品尝过各种食物，感受到南北文化的差

粗茶淡饭：梅子金黄杏子肥

异。试图从多角度解读地域菜，剖析其所根植的文化。

我在北碚生活，写下的文字，是为了回忆的纪念。

二〇二〇年三月三十日，于抱书斋

第一辑

野馔

人间肥桃

○九月三日

滨州

早春嫩芽

○三月二十六日

滨州

又见苋叶红

○十月十二日

北碚

黄花褪束绿身长

○八月二十八日

滨州

我们在此为了讲述

来到蒙自借住朋友家，小区门口左右都是店铺，往左不远处一家水果店，门前摆放的塑料箱里有干豆角似的果子，这是我从没有见过的水果。外表棕黄，摸上去较为粗糙，果肉富有弹性，我问它的名字，店主说叫酸角，也有甜角。

我拿起一枚，皮干没有味道，店主看着我的神情，听口音知道是北方来的。他说这是云南特产，傣语叫木罕。既然来这里，必须品当地美食。我问价格多少，决定买一斤，尝一下味道如何。店主告诉我，酸角和甜角的区别，两种果子混在一起，由自己的爱好挑选。我犹豫片刻，少拿一些酸角，虽然可以吃酸，但果子酸到什么程度不知。走出店门，穿过马路，不远处是蒙自的南湖。

来蒙自之前，朋友发来几张南湖照片，天空明净，几朵云絮舒卷，如同奔跑的兔子，阳光下南湖有诗的韵律，这种美不是诗所能表达。朱自清《蒙自杂记》记述当时情形，他写道："在蒙自住过五个月，到了南湖，禁不住想到北平的什刹海。"闻一多更是对南湖情有独钟。有人问："南湖与翠湖，你爱哪一个？"他回答说："南湖像淳朴秀丽的农家少女，我更爱南湖。"

二〇一五年我来北碚那天是冬至，木芙蓉的枝头残存几朵白、红花朵，如今落叶显现凄美。路边草丛听不到虫鸣声，草叶子泛黄，生命枯萎，只有等到来年春天，才能看到另一茬生命出现。

沿着每天行走的路线，伞下听雨，现代化折叠伞，白色钢骨架，化纤伞面，还是缺少什么。如果细雨弹瓦上，老式小片灰瓦，一片片相接覆在屋顶，弹奏出音响，布满古典韵味。小时候打油纸伞，竹子做骨架，油纸伞面散发浓郁桐油味，雨打在上面，珠子般落进盘中，清脆而亲切。北碚冬雨没有激情，伸手捞一下，留下苔藓般湿润。

客居日子，我写下朱自清传。闻一多死后，朱自清回忆和他在一起的日子，心情非常伤感。朱自清从闻一多身上学到很多学问，对他手稿偏爱。闻一多书稿，用楷体一笔一画抄写，看不出杂乱。

一九四五年春，有一天，朱自清为了文学史上的一个问题，找闻一多参考他的稿子。清早上门去他家，事先没有预定，他已经出去开会。朱自清经得闻太太允许，自己翻看闻一多稿子。一段段读下去，越看越有意思，一口气读了大部分手稿。让人想不到的事情是，不隔半年时间，朱自清要编辑遗稿。

闻一多，执着的人，心思全放在研究学术上，很少人赶得上。他做事言行一致，在蒙自时候，他住在哥胪士洋行楼上，一天也难得下楼，整日伏在书卷中研究。邻居郑天挺教授约他说"你何妨一下楼呢"，几位同事送他一个雅号，称为"何妨一下楼"。

我在寒冷冬雨街头，想有一天去蒙自，去拜见闻一多的"何妨一下楼"。我相信缘分，如果人与事没有情意，在人世间只是擦肩而过，两条轨道运行的星，不可能撞在一块。

二〇二〇年一月九日，我在北京图书订货会新书分享会现场，分享新书，第二天飞往云南。我来到蒙自要实现五年前的愿望。朱自清说："蒙自小得好，人少得好。"现在的蒙自不是当年的样子，现代化高楼一幢幢立起，南湖变化极大，有了时代气息。手中拎着装着酸角的塑料袋，没有回住处，而是直奔南湖。来蒙自别的不急，去看西南联大旧址和闻一多"何妨一下楼"。

沿南湖边的路走，想着过去的情景，闻一多先生的宿舍，在南湖边上哥胪士洋行，每天都要穿湖而过，到海关的关舍去上课。我去南湖寻找闻一多走过的路，知道这里是著名南湖诗社诞生地。

我从南湖边的门进入，走过不远，就是中心的菘岛。在原来南湖诗社师生们经常活动的旧址，建有闻一多纪念亭。亭子旁有闻先生石像，长髯飘飘，很有神采。

二〇一三年十月二日，我曾到青岛市南区鱼山路五号，寻找闻一多故居。从红岛路进入海洋大学四号校门后，我分不清路的方向，询问过往的同学，他热情地说："一多楼向右一拐，便可看到一幢红瓦黄墙的二层小洋楼。"这是一座典型德国风格洋楼，德国侵占青岛期间，俾斯麦兵营的一部分。当年军官宿舍，后来变为私立青岛大学、"国立"青岛大学、"国立"山东大学第八校舍，现而今是中国海洋大学校舍。闻一多在当年"国立"青岛大学任教期间居住在这里，故人们叫它"一多楼"。

走近"一多楼"，迎面是一座花岗岩石雕像，下部为雕像底座，上部为低眉沉思的闻一多半身像。我来到一楼窗子前，爬山虎藤蔓缠绕，也许当年闻一多就是在这扇窗口，夜晚点亮一盏灯，书写自己的作品。墙壁经过时间打磨，印下深刻痕迹，摩挲每一块砖，仿佛触摸到历史温度。楼前小道上堆积着落叶，院墙外是热闹的街道。

一九八八年建起的闻一多纪念亭，为六角飞檐亭。亭南面有闻一多纪念亭匾额，两边柱上有赵朴初题写的对联，上联为："仰止高亭，永忆春之末章粉碎琉璃，一生奋斗为民主。"下联为："长吟遗作，忍看你的脂膏泪流蜡炬，千秋不息向人间。"对联中使用闻一多诗歌中的词句，表达对闻一多崇敬之情。冰心老人题写的"诗人宛在"横匾，悬于亭北面，门柱对联"虎啸龙吟惜往日，湖光山色唤诗魂"，由诗人光未然题写。

纪念碑位于纪念亭前，有一块不规则的岩石。碑上方刻的是闻一多口叼烟斗，下方是他的一句名言："诗人主要的天赋是爱，爱他的祖国，爱他的人民。"

我坐在亭子里，望着南湖的水面浮想，一九三八年五月十日，在朱自清、闻一多诸多老师支持下，南湖诗社在蒙自成立。起初诗社未定名，后因文法学院坐落于南湖之滨，遂将诗社名定为南湖诗社。

在湘黔滇旅行团时期，刘兆吉和向长清，他们不是一个系的同学，分别是教育系、中文系的学生，原来并不认识。湘黔滇旅行团时期两人相识，结为好友，当时刘兆吉承担在闻一多指导下搜集民间诗词的任务，从此之后，两人经常在一起写诗论诗。

湘黔滇旅行团来到沅陵休整期间，刘兆吉和向长清曾拜访闻一多，向长清谈了到达昆明后要组织诗社的想法。后来文法学院迁至蒙自，刘兆吉和向长清商量成立诗社计划。一九三八年二月十日，晚饭后，向长清和刘兆吉拜访闻一多，闻一多尽情地谈诗歌，使年轻的南湖诗社的创始人受到很大启发，决定邀请朱自清担任诗社导师。后来社里走出诗人穆旦。

英国作家赫兹里特说："在重温往日的回忆时，我们似乎不能把我们整个生命之网揭开，而必须挑选那些零星线头慢慢抽出来。"我在西南联大纪念馆，看到一张老照片。一九三八年五月五日，西南联大蒙自分校文学院，南湖诗社中十三个成员合影，背景一排排挺拔茂盛的尤加利树，树丛后是通向南湖菘岛的长堤。那是西南联大师生课余常去散步的地方。未来诗人们在这里讨论诗歌，谈论理想，那样美好的日子，凝固在时间中。我曾经看过照片，在一本什么书中记不住了，但照片中的人物和情景无法忘记。我从塑料袋中拿出两个南方水果，分不清哪个是酸角，哪个是甜角，想闻一多在蒙自时一定吃过。摆在闻一多雕塑前，祭拜这位文学大师。

我剥开酸角咬一小口，强酸冲满口腔，使人几乎跳起来。这种酸和醋酸不一样，强力的酸不讲道理。我和它较劲，无法用语言表达，咬上瞬间，齿缝间渗出的酸，使牙齿屈服。我不敢咬第二口，不知放在塑像下的是酸角，还是甜角。

　　我百度搜寻有关酸角的信息，酸角，又称酸豆、罗望子，傣语为木罕。它是我国云南地区特有的植物，热带、亚热带常绿大乔木，是水果，还是一种药用植物。明代药学家李时珍《本草纲目》记载："酸角具有止渴消热、消食功效，养肝明目。"酸角和甜角区别就是口感，酸角不好剥，果肉粗糙，香味淡一些，味道酸，口感微涩。甜角味道甜，果肉肉质细腻，易剥离，含糖量较高。

　　古酸角树，历经一千多年自然界和世事变化，每年依然枝繁叶茂，繁花硕果。酸角最古老的发源地在非洲，后来经过苏丹引入印度，大面积栽植，而且效果非常好。以致人们产生错觉，大多人认为酸角是印度土生的植物。中世纪时，阿拉伯人发现它的美味，流入中东社会。十字军东征时期，由于罗马帝国向东扩张，带动一定经济文化的交流发展。人们发现酸角，也惊异它的美味，将它带回欧洲，从此在欧洲扎根。十七世纪，西班牙当时拥有世界上最强大的舰队，开辟多条对外贸易线路，也发现酸角奇特，把它带往各地。

　　我坐在闻一多亭中，大概弄明白了酸角的历史。这么小的果子，性格鲜明，却是外来物种。闻一多学生汪曾祺，在昆明泡茶馆，门前有小摊卖酸角。他说"不知什么树上结的，形状有点像皂荚，极酸，入口使人攒眉"。当时他不知是什么，买了吃一口酸得要命，选择一个好词"攒眉"。这两字的释义，为皱起眉头，不快或痛苦的神态。可想当时年轻的汪曾祺，面对酸角的酸，也是招架不住的。

从昆明临走前，整理行装，望着从蒙自带回的酸角，想起祭拜闻一多雕塑像前的两只酸角，不忍心丢掉，决定带回山东。

今天二月二，龙抬头的日子。下午降起小雨，坐在桌前，拿起酸角剥开，咬一口，感受"攒眉"的酸。这种酸刻骨难忘。

黑瞎子果

黑瞎子果多年生落叶小灌木，忍冬科植物。主要分布于长白山、大兴安岭东部山区，及内蒙古和俄罗斯远东地区。蓝紫色浆果，味道酸甜可口，成熟后直接吃，也用来做果酱或果酒。

我回东北和朋友们聚会，那一段身体不适，他们建议喝蓝靛果酒。说天然绿色食品，开胃健脾，黑瞎子果富含维生素及多种氨基酸、果酸成分，从中医药理上讲，具有清热解毒、消炎、利尿功效，被誉为"中药中的青霉素"。

大众给予称呼，黑瞎子果，其学名蓝靛果。各地叫法不同，有叫羊奶子、山茄子，有的地方叫鸟啄李。大部分地区称黑瞎子果，因为是黑熊喜欢吃的野果。

黑瞎子，真名叫亚洲黑熊。嗅觉和听觉灵敏，顺风可闻半公里外气味，听到几百步外脚步声。但有一个弱点，视力比较差，视觉敏锐度弱，故有黑瞎子称谓。

黑瞎子的名字，注定它有内容，笨拙和傻气。东北有它的许多歇后语，"熊瞎子把门——熊到家了"，形容软弱无能的人。"熊瞎子推碾子——挨累还闹个熊"，指做事吃力不讨好。许多歇后语都与性格有关。黑瞎子吃的食物繁多，随季节性变化，夏季以各种果实为食。

听着友人相劝，想起童年时的情景。小时候在天宝山姥姥家，秋天上山采野果子，吃过许多新鲜黑瞎子果。那天中午，喝了几杯蓝靛果酒。这是我离开家乡三十多年后，再一次和黑瞎子果相遇，但不是自己摘的鲜果，而是加工后的果酒。味道不错，口感爽快，有黑瞎子果的绵味。

每年五月，黑瞎子果开花，八月是结果的季节。果实蓝紫色呈椭圆形，果实滑爽，蜡状光泽，使人迷恋，在灌木丛里很显眼，引人注意，不认识的以为假果子。黑瞎子果果实种子小，果皮薄且多浆汁，味道酸甜可口。读到一则小故事，说的是黑瞎子果，从讲述的方式，这不是民间口述史，而是后人根据当地民俗和地理风貌写出的新故事。但至少可看出，民间对黑瞎子果的关注。

相传两千多年前，秦始皇吞并六国后为了王朝的长治久安和自己长生不老，就派方士徐福出海寻找长生不老的仙药。因当时连年战乱，人民长期居无定所，体质虚弱，而出海之人又要求身强体壮、能抵抗各种疾病的童男、童女。一时便无法找到，徐福便周游各地。当他途经秦朝版图辽东郡、九原郡、云中郡（东北、内蒙古区域），见这里的人个个身强力壮，老当益壮，百病不生。原来在苦寒之地生长着一种名为黑瞎子果的野浆果，当地村民多食该果，常年饮该果酿成的酒。徐福便在此征集三千童男、童女，命人建造酒坊，用民间工艺酿制该酒，一方面御寒驱潮，一方面强身健体。浩浩荡荡的船队入海东渡，到了现今的日本，造酒技术从此广为流传。

我去牡丹江，住在火车站附近一家酒店，安顿好下楼，闲逛附近小超市，看到了野生蓝靛果果汁饮料。我从来没有喝过，便买了一箱，共有八瓶，够在牡丹江期间饮用了。

蓝靛果出汁率高，百姓摘下鲜果泡酒，可做成饮料。果子调整人体机能。俄罗斯加工成宇航员专用饮料，其营养价值高。

有一年，妻子从东北老家探亲回来，带了几盒黑瞎子果果干。装在圆形塑料包装盒内，吃时打开盖，便于保存。当时我创作《郁达夫传》，写作累时，吃几粒黑瞎子果果干，喝一杯清茶，度过漫长写作时光。通过东北亲朋了解到，现在黑瞎子果成为热门货，开发出系列产品，果酒、果干、果酱、果汁、果糕和咀嚼片。

我还是喜欢小时候挎着土篮子，和伙伴们去山里采黑瞎子果。东北人对黑瞎子敬畏，知道它的厉害，碰上不是好事。采黑瞎子果的心情复杂，怕遇上真黑瞎子。

依额特

一根横空枝头，挂满黑色球形果实，吃起来有股怪味。它的名字奇特，叫做臭李子，而且结果密实，又称稠李子。

在网上意外看到一张图片，心绪波动，回忆起小时候在姥姥家，和舅舅采臭李子的日子。姥姥家邻居，加格达奇人，有一半鄂伦春族血统，他家吃饭和别人家有些不同。稠李子，鄂伦春叫依额特。秋天采回来臭李子做苏木逊（语译为稀粥），淘好米煮到快熟，放入稠李子。待稠李子煮开，粥呈粉红色，酸甜适口。稠李子也能做干饭，这是鄂伦春人吃法。

进山采野果时，邻居小孩们会结伴去，人多热闹，最重要的是安全，互相照应，大人放心。小孩都是采山能手，采的山果有杜柿、红豆、稠李子和山里红，共十几种。姥姥家邻居的小女孩背着桦皮筐，她和别人不一样。大多数孩子背柳条筐，还有的拿小麻袋。一棵树结着串串黑果子。我个头不高，抓住树杈压弯才能摘采。臭李子鲜涩，吃多舌头起一层白东西，吐出小核，越吃越想吃。小女孩家把多余的稠李子晒干，冬季用来煮粥。鄂伦春族过腊八节，还要放山丁子、稠李子、榛子仁、狍子肺、里脊肉、狍子心和野葱花这些材料，熬成粥。

作家张抗抗曾说："如果有人探究粥的渊源、粥的延伸、粥的本质，也许只有一个简单的原因，那就是贫穷。粮食的匮乏加之人口众多，结果就产生稀粥这种颇具中国特色的食物。"作家说的是一方面，我认为和地域关系很大，任何人的吃，离不开出生地的文化模式。即使以后离开家乡，不管到任何地方，舌尖味道是故乡的记忆，无法更改。

荷兰心理学家杜威·德拉埃斯马，一九九九年，因为记忆研究的成果荣获海曼斯奖。他指出："怀旧性回忆是一种返回到过去的事件和经历。"我来山东三十多年，没有吃过臭李子。这种果实光鲜亮丽，不仅可食用，也是一味中药。但有微量毒性，少食为佳。臭李子清热解毒，止咳祛痰，对肺气肿、痢疾等诸多疾病都有一定疗愈功效。

臭李子，鼠李科植物，果实如乌鸦眼睛一般，百姓形象地称其为老乌眼。新采的臭李子，味道微苦发涩，放进谷糠里面闷几天，方能除掉苦涩。

东北十二大特色野果子，其中就有臭李子。虽多次回家乡，由于季节不同，也无法吃到新鲜臭李子。现在物流发达，人们对山野果子不感兴趣，到超市什么样水果都能买到。人与山野中的果子失去情感交流，不在乎有和无了。

二〇一七年七月，我去新宾看古城，顺路看了柳条边的英额门。清朝在顺治年间（1644—1661 年）修筑了从碱厂边门经今新宾、清原到开原威远堡的柳条边，边门为英额门。和珅，很多人都知道，但很少有人了解他的祖籍英额峪，抚顺清原县英额门镇。路边一处不起眼的小院落，便位于和珅家族祖宅遗址之上。我去的那一天，天气晴好，阳光下，院子里一个妇人在干活，打理种的蔬菜。我站在门口望着老房子，这不是和珅祖宗留下的房子，只是普通的东北民房，年头只有几十年的样子。脚下这块地，不论时间怎么变化，所有的物件怎样改变，埋在土地上的历史却永远保存了它的真实。

乾隆八年（1743年），七月八日，乾隆第一次东巡，十月二十五日返京，历时三月。《清帝东巡》所载："九月初十日已丑，德里倭赫。九月十一日庚寅，乌苏河。九月十二日辛卯，马前寨。九月十三日壬辰，油葫芦村。辽宁省清原县境内。"乾隆帝首次东巡，九月十一日，到达皇家围场打猎。当他进入英额门里，看到边内百姓欢乐，热情迎接宾客，望着祥瑞之气，有感而发，当场吟诗《入英额门》：

霓旌摇曳晓曦明，故国人人喜气迎。

二月关山征辔远，而今屈指到兴京。

区分只用柳条边，勘作金汤巩万年。

不似秦皇关竟海，空留遗迹障幽燕。

山程野驿日侵夺，涧水滴桑入眺临。

南去盛京不知远，凤凰楼阁五云深。

描写乾隆帝入英额门的气氛和环境，评价柳条边作用，赞百姓相安，社会祥和安宁，江山牢不可摧。

英额门外是清朝廷设置的皇家狩猎场，猎区是深山老林，各种野兽多。除了供皇族返乡狩猎外，每年还承担向朝廷进贡的职能。方圆五百里的狩猎场，各片区驻有近千兵丁。《清原县志》记载，"清朝顺治、康熙、乾隆、嘉庆、道光五个皇帝在返乡祭祖时来皇家狩猎场行围狩猎。到道光和咸丰年间，大清朝内忧外患，皇家狩猎场自消自灭在日本倭寇和沙俄对东北的争夺中。"万寿山的传说，讲述乾隆东巡队伍"行围英莪边门外，驻跸乌苏河。"英莪边门，即英额边门。第二天行围打猎，进入英额门，也是进入柳条边里，到了马前寨、油葫芦村，乾隆帝打猎结束。乾隆帝首次东巡，看见"英莪门外猎场有芍药二丛"，他受兴趣驱使，写诗一首《入英莪门》。此时，正值皇帝寿诞日万寿节，取万寿无疆之意，是当时全国性节日。从此以后，开原东砬子山，名为万寿山。

英额为满语，指当地山野盛开白花。这种白花是臭李子花，在东北各地不是珍贵名花，随处可见，有些地名和河流围绕着它取名。

长白山西南麓，早期满族人活动区域之一。英额布镇在通化县西北部，布指牛车上弯形横木。英额布，满语译为稠李子山下的漫弯，林源河绕英额山形成大漫湾得名。欢喜岭是清太祖努尔哈赤兵败，走到这个地方，人困马乏，没有可补充的食物。见到山岭下的榛树结着果实，取出果仁，感觉香脆。便命部队采果充饥，军士吃饱肚子，恢复士气，于是军威大振。领军再战，大获全胜，遂叫欢喜岭。

二〇一五年七月，我来到了伊通。车子驶过大桥，冰雪下的伊通河，按着自己节奏流淌。茫茫雪野，风中枯草抖动，很少有人在大地上行走，只是河道轮廓显现古老踪迹。

我们来到南围屯，说有一口井，当年皇帝打猎喝过井中水。在井边遇上董素环，六十四岁，她说这口井，冬天严寒，清晨冒出三四米热气。皇帝打围，上这来喝水，当时井水封了。

英国诗人雪莱写道："历史，是刻在时间记忆上的一首回旋诗。"未免有些浪漫，在山野中采摘一粒臭李子，觉不出有什么，只是野性让人心动。它不过是山野中果子，独特地理的人文景观，展现出不平凡气势。

神草贡菜

二〇二〇年三月十八日，天气预报今天二十五度，体感温度十七度，西南四级风。这是值得纪念的日子，早饭后走出小区，街头上的人多，来往的车辆在马路上奔跑。

今天走出小区，我去往日跑步的黄河大堤，路经高杜早市时，一些商贩开始出摊了。

大堤上人少，路边的野地，长出新绿。牛筋草以它旺盛的生命力，到处看到它旺盛生长。附地草拱出地皮，娇嫩的样子，在春风中招人喜爱。一只戴胜鸟在树枝头，扭动着戴冠的小脑袋，春天就这样来了。

跑完步，走下黄河大堤，去高杜早市。我看到卖苔菜的摊位，想起很久没有吃过苔菜。在云南昆明买了曲靖的韭菜花，其中有贡菜，这个菜把我弄懵。在百度上搜寻，才知道，吃了这么多年的苔菜，也叫贡菜。由于地域不同，所以叫法各一，南方谓贡菜，北方为苔菜。

贡菜属于绿藻类，味若海蜇，食用价值高。在我国栽培历史有两千二百多年。清乾隆年间曾进贡朝廷，所以叫贡菜。二十世纪六十年代，被称为"响菜"，也呼之为"山蜇菜"。

苔菜性味咸寒，具有软坚散结、清热解毒的功效。药理实验具有降胆固醇作用。清代著名医学家王士雄撰《随息居饮食谱》记曰："清胆、消瘰疬瘿瘤、泄胀、化痰，治水土不服。"元代医学家吴瑞撰《日用本草》所记："有咳嗽人不可食。"该菜营养和医疗价值高，含多种矿物质及氨基酸，有助于降血压，通经脉，活血健脑，壮筋骨，抗衰老。

安徽涡阳是老子故里，相传两千多年前，发生过一场大瘟疫，百姓为了避开凶险，不得已而离别家乡，到处流浪。老子居住的天静宫长有一种草，附近百姓发现，食后人畜竟然变得平安和健康。老百姓因此称"神草"，觉得这是老子显灵，用此护佑百姓，所以称其为"神草"。而此"神草"便是当年的贡菜。

走进家门时，妻子问早市开了，买的什么菜。我说贡菜，她不解地问，贡菜是什么菜？

我说曲靖韭菜花中有贡菜，就是苔菜的另外叫法。中午我家做的是爆炒贡菜，翠绿的菜叶，诱人眼睛，似乎每一缕菜叶中都藏着历史。仿佛每食一口，都在和往事相遇。

野生刺玫果

　　杂木，满语指刺玫果，百姓称野玫瑰。每年六月以后，刺玫果花，争着绽放姿彩，四处粉色的花，带有浓郁清香。

　　二〇一九年九月十一日，团北林场职工李玉廷师傅，开着钱江125带我去林场，摩托车在山间土路颠簸厉害。我坐在后面，感受风在耳边呼啸，抓紧车子，心悬吊起来不敢放下。高低不平的山路，潜伏危险，稍微不注意，一道土坎，一条深沟，一个石块，都会使车失去平衡。

　　林间长满各种野草和灌木，红皮云杉、白叶梅、珍珠梅、萎蒿、野艾蒿、月见草、升麻。不久前，下过一场大雨，林间潮湿，李师傅不愿意让我走进深处，怕有危险。我只好在林边拍照，镜头里白桦树不需要构图、选择角度，每一棵都是经典，不可重复的创造。林边有几颗刺玫果，过了收获季节，只有零星挂枝头。

刺玫果，灌木植物，茎秆长刺儿，采摘时不注意要挨扎。未成熟的刺玫果，既硬又脆，掰开后，果肉有白茸毛和籽儿，最好别粘身上，否则瘙痒刺挠，让人受不了。这时果皮不好吃，等到果实成熟变软，味道就会变甜。近些年，人们进山很少采刺玫果，枝头残存的果子，李玉廷师傅摘下几粒，掰开一个说，这种东西过去做月饼的红丝。听到这说法，我感到新奇，过去吃月饼，挑着青红丝吃，原来红丝是野刺玫果。

刺玫果，号称"生命之花"，含胡萝卜素和多种维生素。五百克的刺玫果酱中，所含的维生素 C 量，能保证多人一天需要。很多欧洲国家视其为"治疗坏血病特效药"。

鄂伦春族人们一代代生活在大小兴安岭，他们没有民族文字，游猎生活中，创造独具民族特色的白桦皮文化。鄂伦春族妇女用兽骨针，在桦皮上刻花纹和图案，有山丁子、稠李子、都柿、刺玫果。

鄂伦春语嘎呼他，译意为刺玫果。木本植物，多长于山脚、河边灌木丛中。其果实秋季成熟，呈红色，有甜味。采回晒干泡茶，味清香，解渴提神。这就是鄂伦春花宝茶，他们从小喝此茶。"在辽金时代将此茶列为宫廷贡品，萧太后饮此茶皮肤白皙、容颜亮丽而爱不释手；乾隆皇帝在《御制热河志》中封花宝茶为茶中之宝，'花中第一品'。野生刺玫果、野生不老草被历代帝王封为'百果之王'。"

鄂伦春人称刺玫果为神果，茶中的金花是"冠突散囊菌"。而另一花种达子香，在东北地区每年四月下旬，冰雪未尽时开花，叶椭圆形，花为紫红色，花期短，先开花而后展叶。顶雪怒放，领先报告春天消息，受到人们喜爱。叶子和花都是中药，可以为人们治病。朝鲜族叫金达莱，它和龙胆花、报春花合称三大名花。达子香盛开时，满溢色彩，叠锦堆秀，被赞美为"花中西施"。

不老草，又呼草苁蓉，人们认为"长生不老"的神草，是长白山珍稀药用植物。长在山野中植物，经受大自然风雨、阳光摩挲。收获季节，在充满柔情的注视下，带体温的手采摘。果子和其他野果相融，创造出经典名茶。

随着食品加工业的高速发展，刺玫果开发出系列产品，加工制作成保健饮料、果汁、果酒和果酱。种子榨玫瑰精油，花提取芳香油，是各种高级香水、香皂和化妆品主料。花瓣作为糖果、糕点、蜜饯原料，可酿制玫瑰酒、熏烤玫瑰茶和玫瑰酱。

我在二秃子山采回刺玫果，掰开一粒，望着白茸毛和籽儿，想起过去贪吃野果的情景，害怕大人说的"毛茸沾肠子上"，又管不住嘴巴。想吃还是占上风，打败恐惧，这就是童年可爱之处。

根儿苦

我从睡梦中惊醒，疼痛从左手腕开始。困意消失，白天黄河大堤上发生的事情，从伤痛处开始。

每天早饭后去黄河大堤跑步，如同功课一样。今天刚上大堤，没有跑几步，一只戴胜鸟，栖在路边枝上，头顶五彩羽毛，小嘴尖长细窄，相当可爱。我注视它的举动，隔空问候早安。戴胜鸟错落有致的羽纹，耿直的禀性，有着忠诚坚定、永不改变的习性。自古以来是象征物，代表祥和、美满和快乐。

唐代诗人贾岛，因人生经历被视为苦吟诗人。他在长安时，当时限令禁止僧人午后外出。贾岛作诗发牢骚，被韩愈发现才华。他在《题戴胜》写道：

粗茶淡饭：梅子金黄杏子肥

星点花冠道士衣，紫阳宫女化身飞。

能传世上春消息，若到蓬山莫放归。

戴胜鸟装作没有看见，起身飞去，漂亮地在空中展开，我激动不已，完全被它所支配，跟随而去。黄河大堤坡度陡，积满去年杨树落叶，踩上去松软，发出干透的脆裂声。由于角度关系，尽管小心，还是发滑跌坐。左手触地成为支撑点，身子重压其上。戴胜鸟不知飞向何方，只留我坐在落叶中。前方有几簇绿色，吸引住目光，发现是曲曲菜，学名叫做苣荬菜。它非苦菜，叶子相比苦菜厚。曲曲菜生长在北方平原，代表地区是黄河入海的地方，山东省滨州、东营市和德州。这种野菜我国各地都有，滨州是主产区，出乎意料，过去没有听说过。

一九九二年以前，滨州是惠民地区，管辖一市八县，其中有高青县。老百姓生活谚语说："曲曲菜含三分米。"黄河三角洲一带，同县异乡方言众多，俗语说法不一。滨州和东营相隔一百多里，当地传说着曲曲菜的来历。

薛仁贵由于对敌作战久攻不下，粮草匮乏，便派人寻找可以充饥的野菜，于是找到了一种到处生长又可以充饥的野菜，一解燃眉之急。后破敌大胜，当下许愿，回朝后定当给野菜请圣封名。班师回朝之后，他请圣封赏官兵，却把那种野菜给忘了。十年后他又经过东营，看到了那种野菜，急忙吩咐呈上来，他捡了几棵放到嘴里，却"啪"地又吐了出来，只觉得满口的苦涩，和当年的味道完全不同了！他忙问当地的官员这是怎么回事，那官员战战兢兢地说，十年以前这种野菜是可口的，可是不知为什么以后就变苦了。薛仁贵仰天长叹：它这是心里有曲啊，就叫曲菜吧。

仅为传说。尽管如此，但能看出人们对曲曲菜的喜爱。写这个故事的人，一定是野菜爱好者。曲曲菜味苦，又称苦菜、老鹳菜。李时珍曰："苦菜即苦也，春初生苗，有赤茎、白茎二种，苦性凉寒。"曲曲菜味苦，生食可有效地发挥保护功能。

冬天漫长，大雪封冻一个季节，到了苦春头，存放的萝卜、白菜和土豆，吃得差不多了。民间有一句谚语："三月三，苣荬菜钻天。"在这个节骨眼上，苣荬菜、婆婆丁、小根蒜等野菜，争先恐后拱出，解了燃眉之急。小孩子们下午不上课，挎着小筐，约好小伙伴，上野地挖苣荬菜。

歇后语中有关于苣荬菜的词条，"苣荬菜熬鲇鱼——苦了大嘴了。""吃苣荬菜拿接碟——摆谱。"从每一个字中品味，大地野菜在日常生活中和人的联系，表现人的生存状态、性格因素。

不同地区吃法不一，东北食用多为蘸酱菜，西北好做包子、饺子馅和拌面，加工酸菜。华北有的地方，多为凉拌和面蒸食。

每次回东北老家，饭桌上来一筐蘸酱菜，就有苣荬菜，令我感到惊讶的是，它们不是大地生长的野菜，而是大棚人工种植的。

民间食用曲曲菜，已有两千多年历史。吃法多种多样，味道独特，曲曲菜烧肉片，曲曲菜酸辣汤。吃凉拌苦菜的人多，苦菜洗净入锅焯，快速捞出，清水洗出苦味，挤干水分。蒜泥、盐、味精、香油和醋，调兑料汁浇苦菜上，拌匀即可。明代鲍山既是植物学家，也是素食行家。他提出的食法，更是简单易操作，"采苗叶炸熟，水淘净，油盐调食。"

我喜欢蒸制，这是常见的食用方法，曲曲菜洗净，取适量面粉撒在上面，拌匀以后上蒸锅蒸。曲曲菜蘸食蒜泥，风味特殊。

白天时，我坐在曲曲菜边上，没有忍心采摘，只是观赏。

我在黑暗里，想着黄河大堤上的曲曲菜，如同燃烧的蜡烛，发出温暖的光。

喝大柿子

今天霜降，有句老话说："霜降吃丁柿，不会流鼻涕。"既然有这么句话，定不是随意说出来的，而是人们在生活中摸索的经验。

清晨去高杜早市，有许多卖柿子的摊。一个老妇人穿着旧衣服，观望来往的人，眼睛中贮满渴望。蓝土布铺在地上，摆着一堆柿子。母亲去世两年多了，每次看到和她年龄相仿的老妇人，情感总是波动，心情沉落下去。我不想再往前逛，没有问价格，只是问怎么来的。她说自家种的柿子甜。不远处的摊位，竖着广告牌介绍柿子。

古人认为，柿子御寒保暖，还有补筋骨的作用。霜降的柿子甜，他们相信这天吃柿子，冬天不怕冷。明代药学家李时珍

《本草纲目》记载:"柿霜,清上焦心肺热,生津止渴,化痰宁嗽,治咽喉口舌疮痛。"化痰宁咳,治咽喉口舌疮痛,柿饼的白霜,对治疗儿童口疮有疗效。柿子营养丰富,具有大量的微量元素。

回家洗好几个柿子,装果盘中摆在案头。曹雪芹《红楼梦》七十八回中,宝玉祭晴雯,诗中道:"匝地悲声,无非蟋蟀。"蟋蟀生长在草丛中的小动物,叫声不绝于耳,秋季来临,一天天衰败下去。曹雪芹通过蟋蟀,写出草木一秋,道出人间的悲离情景。书中的蟋蟀、案头的柿子,演绎人世间的情事。柿子在民间借物寓意,它是传统吉祥图案中的重要元素。柿谐音为事,古人讨喜庆吉祥,将诸多内涵融入其中。柿子红火,长得令人喜爱,借取柿子外形似"如意",描绘出"事事如意"的吉祥图案,广为流传。

《礼记》中所记柿子,供应皇帝的日常美食,梁简文帝写有《谢东宫赐柿启》,感谢太子送柿:"悬霜照采,凌冬挺润,甘清玉露,味重金液。"柿子珍贵,当时的柿子,不是一般人想吃都能吃到的。

柿子博得文人墨客的关爱，唐代诗人白居易写道："柿树绿荫后，王家庭院宽。"柿树不仅为绿化树，古代风水学还认为，在庭院种植花草树木，"藏水避风，陪荫地脉，化解煞气，增旺增吉。"古典园林追求绿荫满庭，花木繁茂。柿树吉祥树，它的树形优美，叶子肥大，浓绿泛光泽。秋天时节，橙红果实缀挂枝头。

北宋诗人张仲殊诗曰："味过华林芳蒂，色兼阳井沈朱，轻匀绛蜡裹团酥，不比人间甘露。"诗人品尝柿子，对其味不禁赞美。《晋宫阁名》中说："华林园柿六七株，晖章殿前一株。"南北朝时期，柿子由庭园栽培发展为大面积种植。唐代志怪小说家段成式，邹平人，山东省滨州下属的一个县，作家李广田的同乡。《酉阳杂俎》一部唐代笔记小说，鲁迅先生称其"或录秘书，或叙异事，仙佛人鬼，至以动植，弥不毕载，以类相聚，有如类书。"前几日，在当当网上邮购此书。随手翻阅，他在书中称："'柿有七德'：一多寿，二多荫，三无鸟巢，四无虫，五霜叶可观，六佳品可啖，七落叶肥大，可以临书。"为数不多的文字，把柿子总结得透彻，是一部浓缩的笔记。

文人墨客热衷于赋诗写传，画家不甘落后。在我国书画史上，以柿子入画者诸多。宋末元初牧溪画作《六柿图》，空白的纸上，画了六个交错排列的柿子，每一个墨的浓淡相同，构图简洁，反映万物平淡、抒发清逸的心境，超脱世俗的诱惑。

明代吴门画派领袖沈周的《荔柿图》，画中自题《庚子元旦即兴》："起问梅花整角巾，忻然草木已知春。白头无恙人惟旧，黄历多情岁又新。行酒不妨从小子，耦耕还喜约比邻。年年天肯赊强健，老为朝廷补一民。右近作一首，侑以荔柿图，奉吾宿田老兄新春一笑。周再拜。"画中的荔柿，谐音是喜庆吉祥的"利市"，其含意贺喜新春。画家笔下的水墨任意泼染，风格简约。齐白石老人所画《六柿图》，青灰色方形柿子与众不同，篮中六个柿子，笔墨清隽，没有被外界污染，自然而有意趣。张岱的《陶庵梦忆》中的《鹿苑寺方柿》写到鹿苑寺的方柿："生脆如咀冰嚼雪，目为之明。"张岱是美食家，知道什么样的柿子好吃，找到上品柿子不容易。后来避乱山中，发现鹿苑寺夏天成熟的柿子，生脆不同于平常，吃得心情愉悦。萧山的方柿有名，难怪张岱在书中多次提到。据杭州萧山梅里村《倪氏总谱》

记载，这个村栽培柿树已有五百年历史。该村因形名柿，故名"梅里方顶柿"。并不是柿子长成方形，齐白石的方形柿合乎艺术规律的变形。

画家老舍夫人胡絜青，将自己画室称为"双柿斋"，因为庭园里栽有两棵柿子树。二〇一九年十一月，北京初冬，我又一次去丰富胡同十九号老舍故居，院子里的两棵柿子树，枝头叶子枯黄，仍挂一些柿子。我在胡絜青的画室，欣赏墙上挂着她的画。素材可能来自院中老舍先生种的菊花，一朵朵肥硕，两只鸽子望着秋菊。一九四九年，老舍先生从美国归来后，这是他一直居住的地方。老舍先生夫人在院内种了两棵柿子树，每年深秋，枝头结满红柿，小院子称为"丹柿小院"。这种火晶柿子，俗名"牛眼睛柿"。

上海红学界元老邓云乡，山西省灵丘东河南镇人，青少年时期，先后在北京西城中学、师范大学和私立中国大学求学。他写到柿子："在北京吃柿子，最好是冬季数九天吃冻柿子。北京冬天室中生火炉，天气越冷，炉子弄得越旺，也越干燥，人们反而想吃一点水分多的、凉阴阴的东西。"老北京卖柿子的人与别处不同，大声吆喝："喝了大柿子！"本为是吃柿子，却用一个喝字，可见柿子蜜的浓度高，该有多么甜。"身穿黄袍子，头上戴帽子，脱掉小帽子，味儿甜滋滋。"这则谜语特别有趣味，谜底为柿子。

二〇一九年十月二十四日，今天霜降。在市场买回柿子，按古人说法，一冬天不会冷。

时绕麦田求野荠

　　每年春分，民间流行竖蛋。选择鲜鸡蛋，在桌子上竖起来，故有"春分到，蛋儿俏"的说法。

　　南方一些地方，三月初三吃地菜煮鸡蛋，地菜是荠菜的另外称呼。东汉末年，有一天被称为"建安三神医"的华佗出去采药，遭遇大雨袭击，无奈之下，跑到一个老人家中避雨。他看到老人被头疼折磨得痛苦难熬。雨停后，在大地采来荠菜，嘱咐拿它煮鸡蛋。老人听从吩咐，吃过三个鸡蛋，就病情好转，恢复健康。

　　早饭时，在桌上竖蛋，经过几次折腾竖起蛋来。带着好心情，去黄河大堤跑步。今天春分，大地拱出野菜，枝头生出新绿。封闭一个多月的高杜早市，春天中解禁。

　　我在黄河滩发现荠菜，从泥土中冲出，我摘掉口罩，和"绿邮差"打个招呼。塌地生长的荠菜，一脸绿色笑容，伸手感受鲜润的叶子。

　　荠菜为十字花科植物，人们喜爱野菜。由于地域不同，叫法不一，荠菜，俗名枕头草，又名护生草，有十几种称谓。荠菜起源于欧洲，在世界各地常见。其拉丁名意思"小盒子""牧人的钱包"，指蒴果形状似牧人钱包。

　　民间谚语云："阳春三月三，荠菜当灵丹。"荠菜不仅是佳肴，在民间更认为是灵药一方。

　　二〇二〇年三月二十六日，农历三月初三，相传是黄帝轩辕的诞辰，又称"上巳节"。我国自古有"二月二，龙抬头，三月三，生轩辕"的说法，民间也有吃荠菜煮鸡蛋的习俗。

　　上古时代农历三月初三，春光和煦，暖风扑面而来。人们走出家门，集于水边，举行除凶去垢仪式。郑玄注的儒家经籍《周礼》，"岁时被除，如今三月上巳如水上之类。"据记载，春秋时期巳节流行，是举行"被除畔浴"活动中的重要节日。

　　书圣王羲之《兰亭集序》，写一次才情富赡的文人事禊活动。"暮春之初，会于会稽山阴之兰亭，修禊事也。"有了书圣诗文方面的事例，三月三，就成了官民游乐的好日子，骚人墨客不放过赋诗的良时佳节。

我不止一次读过王羲之《兰亭集序》，在写文章时引用过。知道那是一群文人在水边过节。且知晓，老一代人流传，每到春天荠菜下来，荠菜煮鸡蛋，清热解毒，意味着平安吉祥。

立春之日，唐宋以后有食春饼与生菜习俗。饼与生菜装在盘中，人们称春盘。春天百草萌发，妇女去大地挖野菜做春盘，被封号"挑菜"。这是我国民间节日，别称"花朝节"。宋代已有此俗，每年二月初二日，为"挑菜节'。清乾隆年间，妇女们在三月三日头戴荠菜花，以避免头晕，人称三月初三为"挑菜节"。

北宋诗人张耒，他和苏轼、苏辙兄弟往来密切。宋神宗熙宁四年（1071 年），苏轼继苏辙之后，又上奏折批评新政变法，三次上书陈述失败之后，被贬为杭州通判。苏轼七月出京，炎热的季节，内心冰冷。赴杭途中先去陈州，看望离别已久的弟弟苏辙，再去拜见退隐的陈州知府，对苏家有重用恩情的张方平表达谢意。

苏辙在陈州结交张安道、李简夫、黄实诸多陈州诗友，在读书台吟诗作画。陈州人李简夫爱写诗，庆历年间，李简夫曾官至太常少卿，为官清正，与宰相晏殊相知尤深，因病回到家乡。苏辙到陈州时，李简夫已回故乡隐居十五年，他们遗憾相识太晚。苏辙为友人诗集作序，苏轼也为其写过序。

李简夫外孙张耒当时游学陈州，苏辙一见他就喜爱，亲自教授做文，并荐给兄长苏轼。张耒得以拜谒苏轼，苏见其文"汪洋澹泊，有一唱三叹之声"，遂列为"门人，弟子也"。张耒和黄庭坚、秦观、晁补之，被称"苏门四学士"。张耒一生宦海浮沉，皆与苏轼相关联。诗人在《二月二日挑菜节大雨不能出》诗中写道：

久将菘芥芼南羹，佳节泥深人未行。

想见故园蔬甲好，一畦春水辘轳声。

这是诗人第三次官职被降，派遣黄州时所作。诗人几经起落，到了知道自己命运的年龄。二月二挑菜节，遇上大雨不能出门。听雨声中，想起陈州故园的蔬甲，一畦春水和辘轳声。满纸归心，每个字背后都是不尽思念。

唐宋时文人骚客，身在不同的地方，挑菜日写出许多诗章，挑菜节十分普及，当时各地百姓都过这个节日。挑菜节包含挖野菜，还有猜野菜。

周密祖籍齐州，现今济南历城古代地名，他说"余世为齐人，居历山下，或居华不注之阳"。他在《武林旧事》记载，每年二月二，宋朝皇宫里举办挑菜宴。人们踏青，挖野菜，享受湖边挟水湿的湖风，闻着大地野生植物气息。明代滑浩编撰《野菜谱》，简单明白易懂："荠菜儿，年年有，采之一二遗八九。今年才出土眼中，挑菜人来不停手。而今狼藉已不堪，安得花开三月三。"

"三月三，荠菜赛灵丹。"这条民间经验，不是信口编出来的。明代药学家李时珍《本草纲目》记载："释家取其茎作挑灯杖，可辟蚊蛾，谓之护生草，云能护众生也。"医书上说它有许多药效。荠菜煎鸡蛋，不过家常菜，没有什么珍贵材料，多吃可明目，补益脾胃。熬粥吃，对妇女产后恶露、小儿麻疹适宜。

清明果，是清明制作的食物，用来祭奠先人。做清明果时，粉团经过揉制渗出清香气。其果分甜和咸两种，荠菜入适量糯米粉、大米粉和白糖水，擀成皮子。包入芝麻、桂花糖、豆沙馅，压成圆模蒸熟，则为甜清明果。包入腊肉丁、冬笋丁、香菇丁、红椒丁、豆腐干、腌菜和豆芽馅，做成饺子形的咸清明果。

山东荠菜煎盒子，和我家乡韭菜盒子差不多，做法类似，只是换了荠菜。康熙爱吃韭菜盒子，清帝东巡这一路上，除了山珍野味，还另有开胃小菜，据《康熙三十七年东巡盛京内务府备办菜肴一览表》记载："猪油炒白菜、猪油炒芹菜、猪油炒胡萝卜、酱烧茄子、盐韭菜盒子、腌水焯酱瓜、水焯白菜心等。"东北人爱吃韭菜盒子，我至今改变不了习惯。

随着时代发展，蔬菜品种不断增加，荠菜成为野菜。现在鱼肉吃多了，调换口味，每年春天，百姓还是吃荠菜，荠菜做饺子、包子和馄饨馅，鲜嫩爽口。

春天去大地踏青，感受草木萌发。下午围着楼转圈，在楼

头水泥路接缝处，发现一簇野菜，走过去看到是一棵荠菜。德

国画家安瑟姆·基弗说："每一株植物都对应着一颗星星。"我似

乎看到荠菜缓慢升起，飞向晴朗天空，去和星星约会。

又见苋叶红

古谚语云："一场秋雨一场寒，十场秋雨穿上棉。"气象表示，北方冷空气南下，带来秋雨，一阵秋风，气温降低，十场秋雨过后，秋尽冬始，就要穿棉衣防寒。

早饭后走出家门，去市场买菜。清寒逼人，拉上衣服拉链，仍然有冷意。市场比往日人少，可见天气好坏，影响人出行。市场里人不多，买菜人不多留一步。前面有摊卖苋菜，妻子叫南方菜。它有诸多名字，一年生草本植物，是百姓喜爱的蔬菜。

周作人常年生活在北京，对苋菜有另外怀念。"近日从乡人处分得腌苋菜梗来吃，对于苋菜仿佛有一种旧雨之感。苋菜在南方是平民生活上几乎没有一天缺的东西，北方却似乎少有，虽然在北平近来也可以吃到嫩苋菜了。"这种菜北方人不大认，在南方是家常菜，一南一北，不同地域环境，菜就有特殊之处。民间说法有意思："六月苋，当鸡蛋，七月苋，金不换。"苋菜北方较少，近几年多起来。在北碚去江边市场遇上苋菜，看到菜叶中央紫红色，边缘绿色，煮熟后汤汁变成紫红，如同遇见陌生人，不知对方来自何处，礼貌寒暄。买回来中午按常规做法，清洗苋菜，控干水分切段。热锅冷油，炒香花椒和葱花，放入苋菜，酱油调咸淡。菜端桌上，高淳海说最好不放酱油，与一般菜不同。

张爱玲，美食家，她对于江南普通苋菜，在各种文章中描写过。"苋菜上市的季节，我总是捧一碗乌油油紫红夹墨绿丝的苋菜，里面一颗颗肥白的蒜瓣染成浅粉红。在天光下过街，像捧着一盆常见的不知名的西洋盆栽，小粉红花，斑斑点点暗红苔绿相同的锯齿边大尖叶子，朱翠离披，不过这花不香，没有热乎乎的苋菜香。"张爱玲白描颇见功夫，观察生活细腻，布衣苋菜，让她写得情真传神，使人有亲眼所见感觉。

我在南方吃过苋菜馄饨，普通早点吃后不忘。馄饨馅简单，笋干、虾皮和煎豆腐，掺一点肉末。馄饨煮熟捞起装碗，浇点蒜汁与米醋，味道存在记忆中。

我在网上学炒蒸苋菜，口感不错。苋菜洗净后，加适量面粉拌匀，不要挂多，上笼屉大火蒸三分钟。锅烧热入少许底油，放蒜和干辣椒，煸炒出香味。放蒸好的苋菜，入盐调味翻炒。

我国苋菜原产地，许多古书里有记载。《尔雅》中有："蕢，赤苋。"苋菜不仅可食，叶子、种子和根都能药用。《中药大辞典》记载："清热利窍，可治赤白痢疾，二便不通。"苋菜民间视为好东西，推认补血最佳蔬菜，冠以寿菜、补血菜的称号。元代营养学家忽思慧，在我国食疗史上有重要地位，他著的《食疗方》，服药食忌一则有"有鳖甲勿食苋菜"，对苋菜做了说明。清代中医温病学家王士雄，一生走南闯北，其书《随息居饮食谱》，记载一个病例："尝见一人头风痛甚，两目皆盲，遍求良医不效，有乡人教用十字路口及人家屋脚边野苋菜煎汤，注壶内塞住壶嘴，以双目就壶熏之，日渐见光，竟得复明。"

清代文学家袁枚好美食，他在《随园食单》中讲述做苋羹方法："苋须细摘嫩尖，干炒，加虾米或虾仁，更佳。不可见汤。"苋菜做法较多，苋菜有多个品种，不同地方叫法不一，绿苋，叶绿色或黄绿色。彩色苋，叶边缘绿色，叶脉呈紫红色，成熟期早，耐寒性强。白苋菜叶片不大，细小圆阔，叶子和根部白绿色。晚唐诗人孙元晏《梁·蔡撙》中曰："紫茄白苋以为珍，守任清真转更贫。"红苋，叶片紫红色，宋代诗人陆游《秋日杂咏》写道："红苋如丹照眼明，卧开石竹乱纵横。"北宋政治家王安石《竹窗》中有："竹窗红苋两三根，山色遥供水际门。"王安石把竹子和红苋菜组合，表达不一样的意义。文人墨客喜欢竹，竹有一种精神。人爱竹，不囿于秀美，更为高洁、不逢迎的性格，不畏风霜严寒的品质。

东北作家马犇在朋友圈中发了一则信息："苋菜，超市写成线菜，我老家则称之为汉菜。炒完之后，夹到碗里，饭就变红了，少小时喜吃汉菜，现在想来，经味道更具吸引力的是其染色的特征。"作家的故乡在南方，工作在北方，一道菜勾起对家乡的怀念。

许多年后，我与古老的菜相遇，发现苋菜历史。每一根茎脉流淌传统隐秘，还有风俗与传说。

　　拿起一枚苋菜叶子，感受时间流动，汁液中漫出古气息。我从现实中回头，走向历史深处。鲁北平原深秋，风中卷起落叶，在市场又遇苋菜。

灯笼果

　　小时候每天放学，看到门前有一个中年妇女卖灯笼果，感觉外观非常好看。果实近圆形或椭圆形，成熟时果皮黄绿色，光亮而透明，几条纵行维管束清晰可见，花萼宿存，很像灯笼。柳条筐中的灯笼果挤在一起，黄绿色的果子，让我们实在无法拒绝，但兜里没有一分钱。

　　法国意识流小说的鼻祖马塞尔·普鲁斯特说："人的回忆会被气味、触觉、视觉瞬间击中，从而勾起连绵不绝的往事。"夜里做了一个怪梦，竟然梦到小学校门前卖灯笼果的妇女。清晨起来，我对妻子讲述了这个出现的梦。她说和我白天看到的图片有关系。她说的与马塞尔·普鲁斯特说的相似。年轻做的梦，和老年的梦不一样。老人的梦，过多的是对过去的回忆，"气味、触觉、视觉"引起过去的事情。

一九八三年，我从东北来到山东以后，没有再吃过灯笼果，只是在一些图片上看过，还有记忆中鲜活的滋味。

灯笼果的酸劲儿，吃一次就不会忘记。在东北的山上，经常会遇到灯笼果，采摘一些回来，是孩子们的水果。看到灯笼果的名称，就能想到它所包含的意义，果子呈灯笼形态。鲜嫩的果皮上，一条条弧形丝线筋，相间有序，就和灯笼的条条灯骨一样逼真。

灯笼果，又名山麻子、东北茶藨、山樱桃。也叫醋栗，为虎耳草科茶子属的一种多年生小灌木，它最早由俄罗斯侨民引入黑龙江。醋栗果实营养价值高，含酒石酸、柠檬酸、苹果酸等有机酸。除了可以用于鲜食外，还可以用来加工饮料、果冻、蜜饯、果汁。此外，醋栗具有药用价值，《吉林中草药》记载："解表。治感冒。"

十九世纪末俄国杰出的作家契诃夫，被称为"俄国散文界中的普希金""黄昏歌手"。《套中人》《醋栗》《论爱情》是他后期创作的作品，被称为小三部曲。1898 年，他写出《醋栗》，他在小说中写道："傍晚，我们正在喝茶，厨娘端来满满一盘醋栗放在桌子上。这不是买来的，而是他自己家里种的，自从那些灌木栽下以后，这还是头一回收果子。尼古拉·伊万内奇笑起来，对那些醋栗默默地瞧了一分钟，眼睛里含着一泡眼泪，他兴奋得说不出话来。然后他拿起一颗醋栗送进嘴里，瞧着我，现出小孩子终于得到心爱的玩具那种得意的神情。"可见醋栗在人们的生活中，有着不一般的作用。

我读这篇小说时二十多岁，当五十多岁回忆灯笼果时，契诃夫说的"眼睛里含着一泡眼泪，他兴奋得说不出话来"，终于理解了，这不是吃到一颗酸涩的野果，而是一种情感。

现代物流发达，各地的水果流动快捷起来，即便是世界各国的水果，想吃也是一件容易的事情，和过去不同。这几年，东北的灯笼果在这里也有卖的。每次看到灯笼果，就回想起学校门前卖的灯笼果、契诃夫笔下流泪吃的醋栗。离开东北老家三十多年，对家乡的灯笼果，只是想念。

金华佛手

佛手,又称佛手香橼、福寿橘等。佛手不同于一般花卉,花朵洁白,香气扑鼻,一簇簇开放,惹人喜爱。到了果实成熟期,它的形状恰似伸指形、握拳形,状如人手。成熟的佛手色泽金黄,溢出芳香,挂果时间长,可供观赏。

二〇一六年九月,我又一次去金华,会务组安排去锦林佛手文化园,领略江南老建筑,参观佛手生长园。坐在竹椅上,喝佛手茶和佛手饮料,中午喝了佛手酒,告别时,每人赠送两盒佛手果脯。大多数人只知道金华火腿,却不知佛手大名,被称"果中之仙品,世上之奇卉"。明代诗人朱多炡《咏宗良兄斋头佛手柑》诗中道:

春雨空花散，秋霜硕果低。

牵枝出纤素，隔叶卷柔荑。

指竖禅师悟，拳开法嗣迷。

疑将洒甘露，似欲揽伽梨。

色现黄金界，香分肉麝脐。

愿从灵运后，接引证菩提。

金华佛手之乡，不间断的黄土丘陵，优质的泉水，使得出产的佛手成为"果中仙品，世上奇卉"。据光绪年间《金华县志》记载："佛手柑，邑西吴、罗店等庄为仙洞水所经，柑性宜之，其透指有长至尺余者，色香亦大胜闽产。"佛手如同人手，给了人们想象的空间，诗描述得多有禅意。佛手谐音为"福寿"，文人和画家对它有特殊感情。诗人写诗赞美，画家作画，佛手、桃子和石榴构成在一处。表现出"福寿双全，子孙满堂。"

"沁入诗脾清流环抱，香分佛果曲径通幽"。是苏东坡写的一副对联，可见他的心情沉入佛手中，赋予诗情画意。清代诗人李琴夫的《咏佛手》写道：

白业堂前几树黄，摘来犹似带新霜。

自从散得开花后，空手归来总是香。

清代大诗人袁枚高度评价《咏佛手》，称"咏佛手至此，可谓空前绝后矣"。佛手作为多福多寿清供、祈福纳祥之意，摆放案头别有雅趣。清代诗人沈蕙端《南商调金梧落妆台·咏佛手柑》诗曰："兜罗一握香，分现金身祥。把玩秋风，岂承露仙人掌。来从祇树园，指点成千相。不须拳作降魔，却撮后慈悲向，可也拈花一色晚篱黄。"

去年我的嗓子不舒服，总是痰多。去医院检查没有什么毛病，医生说不用管，自然会消失。用佛手，把它切片泡水喝。佛手有理气化痰、止咳消胀、舒肝健脾和胃诸多药用功能。佛手果可制蜜饯，根、叶、花、果可入药，有理气、止痛功效。明代药学家李时珍《本草纲目》中写道："虽味短而香芬大胜，置笥中，则数日香不歇。寄至北方，人甚贵重。古作五和糁用之。"

金华种植佛手近千年，得力于当地的土质含微酸性沙壤土，土质疏松，非常适应金华佛手的种植。这里属亚热带季风气候，四季分明，一年中温度适宜，热量较优，雨水充沛，日照充足。

从北京回来已经深夜，推开家门，屋子弥漫佛手香气。妻子说把酒瓶中去年的佛手捞出，泡上了新佛手。

莫力格特

　　当山野和河畔，出现一树树撩眼的山丁子花，已经是五月。不管从什么角度观望，一簇簇白雪般的花，撒落绿色间，语言无法形容，只能用眼睛刻在记忆中。

　　山丁子，生长在山区杂木丛林中的灌木，为蔷薇科落叶乔木，花为白色，果实近球形，红色或黄色，未成熟时味道酸涩，成熟时味道酸甜。

　　山丁子，俗称糖李子、糖定子，鄂伦春语为莫力格特，木本植物，喜欢长在河边和山沟里。九月时果实成熟，红色圆粒状，其味酸甜，许多人家晒干，装入容器储存。

　　山丁子长到半青时，泛出一些红晕。采回来吃，这时已有点甜意，但还是酸涩的。牙齿勇敢地咬下一口，酸味涨满嘴里，

粗茶淡饭：梅子金黄杏子肥

潮水一般，酸得人睁不开眼睛。这是童年上山采果子，吃山丁子留下的记忆。我年纪小，不知它的厉害，吃一次就长了记性，从此以后，不敢再用粗暴的吃法。

上山摘多了，姥姥把山丁子洗净，装在盆里撒上白糖，放在大锅上蒸熟。满屋子弥漫诱人的果香，山野中的果子，经过密封的高温，发生质的变化。熟果装入空罐头瓶里，熬糖水放入，自制的山丁子罐头，就算完成。一周后，山丁子全身通红，夹一颗入口，酸甜的味道布满舌头。

二十世纪七十年代，生活物资匮乏，家中很少有水果，即使有，也不是天天可以吃到的。夏天的水萝卜、黄瓜、西红柿，代替水果。秋天去山里采一些野果，弥补缺少的水果。这是一个好季节，野葡萄、蓝莓、稠李子、山丁子，各种山中的野果都下来了。当然，这些天然水果，也不是随意可吃到嘴里的。

人们每次进山，采回来的山丁子不能一下子吃完，所以想尽办法保存。山丁子做酒，做的方法简单，山丁子去柄，洗干净放入玻璃器皿中，加入少许冰糖、白酒，待发酵即可。

山丁子，蒙古语为乌日勒，蒙古做山丁子茶饮料，秋后采集叶和果实，炒或煮后，晒干粉碎。煮茶时，晒干的叶和果装在布口袋中，入融青盐的鲜奶，煮出的味道特殊。山丁子果酱家常做法，不复杂，挑选好的山丁子，清洗以后，没有熟透的山丁子，放到锅里面搁水，放上冰糖煮；熟透的山丁子，直接和白糖腌制即可。

微信朋友圈里，看到东北朋友发的图片，面包配山丁子果酱，认识的不多。二〇一九年九月，我回到老家，准备进山采山丁子，由于意外的事情，打断行程。只好和友人相约，今年再安排行程，做采摘准备。

潍坊萝卜

民间简练的短语，反映生活实践经验，由口头传下来，通俗易懂，潍坊萝卜有一条谚语："烟台的苹果，莱阳的梨，不及潍县的萝卜皮。"无多余的语言，用老百姓的话赞美自己家乡的萝卜。

潍坊青萝卜人称小人参，传有"吃着萝卜喝着茶，气得医生满街爬"的说法。二〇一六年，小年一过，离春节越来越近，有一天上午，朋友拎着两个礼品盒，潍坊萝卜和胶东大馒头。过两天他回潍坊老家过年，今天提前拜年。我们喝茶聊天，谈起地域文化，他打开其中的礼品盒，拿出潍坊萝卜，说这是传承文化。潍坊萝卜叫青萝卜、高脚青，通身绿色，清脆爽口，而且甘甜汁多，可做蔬菜，生食如水果，又称水果萝卜。

　　谈起老家的潍坊萝卜，朋友述说历史，我坐一旁听。潍坊去过多次，吃过潍坊萝卜。二十世纪九十年代，祖母住在昌邑小叔家中，我和大妹坐长途汽车去看她。到了昌邑见到祖母，她端上一盘潍坊萝卜，说和水果一样，坐一上午车，吃点解渴。

　　朋友说两种寓意，其一祝创作常青，另是生活甜美。朋友送来好意，带着历史的气息和友人的希望，我不忍心吃掉。朋友走后，从邮箱中发来有关潍坊萝卜的资料。

　　潍坊萝卜三百多年的栽培历史，清乾隆年间的《潍县志》记载。并不是潍坊产的萝卜都是青萝卜，真正的青萝卜，只有潍坊城北北宫附近所产为佳品。这和当地的土质、水质关系密切，白浪河从潍坊穿城而过，两岸的土壤形成小平原，适应萝卜的生长。这里种植的萝卜，长出来无论外形和口感，都是独具特色的。过去老人们说，北宫的萝卜掉地上，摔成几瓣——脆。郑板桥在潍县任县令七年，生活中发生很多传说故事，其中就与潍县萝卜有关。他为官清正，两袖清风，别无所有，生活简朴。当时巡抚以及钦差大臣们，却经常下来以巡查为名，到各地搜刮钱财。

有一年，朝廷派了一个钦差大臣到山东巡查，这位钦差姓娄，贪婪成性。为了让郑板桥给他送礼，他封了一百两银子礼金，让人给郑板桥送去。按照当时官场习惯，上级给下级送礼，不收则为失礼，收了就必须还礼，且还礼须还十倍以上。

银子送到潍县衙门后，郑板桥心知肚明，礼金不收是不行的，如果收下，便是鱼儿上钩，自己不贪赃，不枉法，哪里弄一千两银子还礼啊？

没过几天，娄钦差来到潍县，郑板桥便命四个衙役将一个大食盒用红缎子扎好，给钦差大人送了去。钦差一见送来了大食盒，沉甸甸的，心想白银绝不会少于一千两，乐得嘴都合不拢了。他兴高采烈地解开红缎子，打开食盒一看，气得七窍生烟，原来食盒里装的不是银子，而是一个个大萝卜，上面有信笺一张，写着四句诗：

东北人参凤阳梨，难及潍县萝卜皮。

今日厚礼送钦差，能驱魔道兼顺气。

二〇一三年十月，我去青岛文强老家，借此机会寻访沈从文、萧红的故居。从滨州坐长途大巴，走高速公路，到了潍坊的公共服务区，停车休息。我们在售货区买两个潍坊萝卜，坐在车上，离开潍坊不远，手中的青萝卜已经吃完。

从去年下半年，我咳嗽特别多，服了许多的中药和西药，仍然不见症状减轻。在毫无办法的时候，经常跑医院挂呼吸科，请医生诊疗。每次去带着希望，开回一堆药，结果不怎么见效。咳痰的毛病，前后差不多一年。生彦从辽宁中医药大学附属医院，帮我买中药《养阴清肺饮合剂》，一天三次服。有一天，那个老家潍坊的朋友，打电话问最近忙什么，我将得的小毛病说了。他说吃潍坊萝卜治咳痰，萝卜剁碎和蜂蜜煎，服时细嚼慢咽，可治咽喉炎、扁桃体炎。《医疗本草》记载萝卜："利五脏，消痰止咳，治肺吐血，温中顺气。"生食可以开胃健脾，清热解毒。

抱着试试看想法，我托人买了潍坊萝卜，按朋友说的方法，和药同时服。过一段时间，症状有所减轻，不知是药的作用，抑或萝卜偏方真有效。但不管如何，潍坊萝卜清脆多汁，和普通的萝卜滋味不同，也算一饱口福。

圆茄子，长茄子

洗净的两只茄子，摆在菜板上，锃亮的菜刀躺在一边，望着泛水湿的茄子。

紫黑色的茄子，经过水的湿润，闪出神秘光泽，诱惑人想打开它的秘密。摆在右边的菜刀，它和茄子的风格不同。跟随我家十几年，天天和它打交道，产生特殊情感。菜刀木柄，由于长年的把握，边缘出现残破，它绝对不会损伤我的手。从窗外投进的阳光，栖落刀锋上，漫出冰冷激情。它骨子里充满等待、冲击和服从，瞬间的工夫，将美好的东西劈开或者拦腰中断，而我是参与的破坏者。由于我们合谋，彼此间配合默契，只要行动的语言，很快就要发生预谋的事情。

我家刚从东北搬到滨州时，住在文化局宿舍，楼后面一条菜市场，从东头走到西头，没有卖长茄子的。我至今不喜欢圆茄子，可能和那时有关系。近一些年，卖长茄子的商贩多起来。圆茄子适合做茄盒，炒着吃，感觉不如长茄子好吃。两种茄子所含的水分不同，口感有差异。长茄子水分比圆茄子多，纤维较细，圆茄子纤维略粗。

早晨在小区外的露水集上，在一位满脸皱纹的老人摊上买的。当时他的摊位靠外，我不想往里走进去，就在他的摊前站住。地上铺的老粗布上，堆起一座小山般的茄子，样子差不多，大小差不多，目光投在上面，被切割得零乱。我不知挑选哪一个好，蹲下身子，离茄子堆更近，闻到淡淡的气味。我从茄子的颜色分析出的结论，这是从地里摘下的鲜菜。触摸一只茄子，有特殊的感觉，快速地钻进身体中。我不再犹豫，绝没挑拣的意思，随手拿了两只茄子，放进老人递过来的塑料袋里。

我拎着两只茄子，走在回家的路上，它们温顺的样子，不知道将要有什么样的结果。我很得意，想在家人面前露一手。我策划一场"危险的阴谋"，缜密地设计每一步，不想让人发现。事情缘于一张图片，我无意中在电脑上，看到八百个小炒，其中有一道红烧茄子。做好的菜摆盘中，似乎飘出菜香气，我被菜的形象迷住。大地上生长的普通菜，经过人的情感、火的热烈，在锅中创造出绝味。

我一遍遍地读，菜的每道工序，需要什么材料。一个下午，我脑子里全是红烧茄子的情景，将红烧茄子的文字地图，烙印在记忆中。茄子、刀具、炒锅不断飞来，构成红烧茄子的交响曲，宏大的乐曲声中，一天的黄昏降临。

我的左手不再思考，抓住茄子摁在菜板上，这是危险的信号，对菜刀发出命令。菜刀握手中，刀和木柄合而为一，我感受木质的安稳和刀锋渴望的等待。一朵阳光穿越窗子的玻璃，高兴地奔来。它落在菜板子的边缘，似乎是为了看热闹，加油助阵。

一声脆响，菜刀奔向茄子，果断切掉头部，我按照网上说的工序，第一步去头断尾，切成滚刀状，制作红烧茄子。

独行菜

早饭后，去黄河大堤锻炼，碰到从早市回来人，有人拎着一袋绿色芥菜。黄河大堤上，人比之前明显增多，河滩出现挖野菜的人。堤两边拱出新绿，泥胡菜、牛筋草、婆婆丁、播娘蒿、小蓬草、车前草、苦荬菜，杨树枝上尚未冒出绿芽。塌地野菜显眼，我认出是荠菜，必须用狂野形容春天与野菜相遇的心情。从手机上打开"形色"，对准荠菜按动快门，鉴定中的数字不停跳动，最后出现三个字，让我一阵发懵，不知所措。这种和荠菜相似的野菜，叫独行菜，时常被人们误认成荠菜，它的味道如辣椒，俗称辣辣菜。

独行菜与荠菜都是十字花科草本，荠菜仲春开花。独行菜味道不及荠菜，春末夏初开花，相对荠菜晚一个多月。明代早期（公元十五世纪初叶），朱橚作的植物图谱《救荒本草》，独行菜名字出自于此。书中谓："又名麦秸菜，生田野中，科苗高一尺许，叶似水棘，针叶微短小，又似水苏子，叶亦短小，作瓦陇样，梢出细葶，开小黪白花，结小青蓇葖，小如绿豆粒，叶味甜。"异名辣辣菜，源于《植物名实图考》。

明代医学家朱橚，明太祖朱元璋第五个儿子。他搜集写作的《救荒本草》，是我国十五世纪初一部记述野生植物的地方性植物志。它结合食用，以救荒为主要方向。朱橚学问广博精深，有多方面才能，热心于研究植物，关心民众的生活。考虑到连续数年荒灾，百姓没有赖以生存的东西，生活困苦。就在他的采邑，河南开封一带搜集植物，并进行种植试验，最后写成一部大书。

朱橚是第一批明代藩王，在争夺王位希望已破灭、不可能实现的情况下，他完成其人生理想的寻找，不去追求政治上向前发展，而是转向医药学。

建文四年（1402年），朱橚被召到首都应天禁锢。起兵叛乱的朱棣攻入应天，成功推翻惠帝。成祖即位后，恢复朱橚爵位，加禄五千石，次年又诏他返回原来采邑。朱橚做事认真细致，全部精神集中在一点上，认真投入到医学著作中。

鲍山在二十岁左右曾入太学，后来对纷扰的尘世失去兴趣，产生憎恶和排斥，逃离这种生活。万历三十八年后，隐居黄山白龙潭山，自称"香林山人"。他编写的《野菜博录》，与朱橚《救荒本草》、王磐《野草谱》和周履靖《茹草编》，并称为明代四部通行的植物图谱。

这些关于草木的著作，反映了我国古时人们在"尝百草"中的发现，某些食物也是药物，所谓"医食同源"。鲍山隐居黄山七年，日常生活饮食中，通过切身体验，倡导"清利爽口，总之宜人"的理念，主张清淡素食。

鲍山熟悉大地的植物，他吃过独行菜，带着情感向人们推荐。

独行菜各地都能生长，在大地、山坡和路旁，以及村庄周围，尤其农田附近。百姓都是挖嫩苗，即使老农，富有经验的眼睛，有时难免都认不清辣辣菜和荠菜。

荠菜有香味，独行菜则辛辣，犹如辣椒一般。辣菜的种子做药材时，被称葶苈子。夏季果实成熟采收，种子晒干，能够利尿、止咳化痰、定喘。待它植株长出几片叶子，采摘其嫩苗，口感和味道最好，成熟后就变老了。辣辣菜和荠菜做法差不多，炒食、做汤和包饺子。

　　跑完步，走进高杜早市，看到中年妇女在卖荠菜。家织土布铺地上，堆着新采的荠菜。我拿起一棵观其形状，不好意思用手机形色验明身份。我特意买了一些，准备中午做野菜。回到家中，手机打开"形色"，对着荠菜摁动快门。鉴定的数字跳动，当不跳的时候，出现一行字幕。我买回来的不是荠菜，真是独行菜，采菜的老百姓和我一样不识真假。不管怎么样，都是可吃的大地生长的野菜。

大地泥胡菜

　　如果不是喜鹊引路，我不会走进那片泥胡菜地。在黄河大堤上，喜鹊落在一米多远的地方，扭动小脑袋，满不在乎的样子，一点不害怕，反而扭过头瞧。相互观望，都没有走的意思。身后响起摩托声，受噪音的惊吓，展开翅膀，向杨树林中飞去。

　　喜鹊飞得不远，落在枝头鸣叫。我走下大堤，向它栖落的树下奔去。喜鹊发现我的行动，起身向前飞走，漂亮的双翅滑翔林间。我追着喜鹊，想看飞往何处。这片林地很少走进，来到了杨树下，周围杂草丛生，长出一些幼树，几年后将成为大树。我向上望去，树干耸入天空，视角发生变化。树杈间的喜鹊巢，枝条交织，构筑精美的巢穴。巢是刚才喜鹊的家吗？不敢确定，喜鹊不知飞往何方，不见踪影。空地生长泥胡菜，去年间护林人老董头，他说采回家做家畜的青饲料。开花之前的茎叶嫩，家畜喜欢吃。开花后水分减少，根叶老化，茸毛粗硬，牛都不愿吃。

泥胡菜，菊科，一年生草本植物。生长于路旁，或荒山草坡。花朵是紫色小绒球，数量众多。泥胡菜具有清热解毒、消肿去瘀的功效。捣烂外用，治疗跌打损伤，起活血化瘀、减轻疼痛作用。泥胡菜和蒲公英长出的时间差不多，模样相似，一般人对植物不识，有时难辨认。泥胡菜是营养很高的野生菜，含有蛋白质、脂肪，以及植物纤维素。

五月时节，泥胡菜开紫红色的花，叶片和茎脆嫩，气味不杂，幼苗和花蕾均能食用。嫩泥胡菜从大地上采回来，水焯之后，清水浸泡除苦味，入盐、香油、蒜泥和醋拌匀。另外的吃法，将处理好的泥胡菜炒鸡蛋，泥胡菜炒豆干。泥胡菜是中药，性凉苦，去火气，清热解毒。

二〇一八年，我和高淳海去北京，住在西单，楼下是一家护国寺小吃店。门头的牌匾，黑底阴文金字，老舍先生的儿子舒乙题字。店面不大，长条方桌，右墙一幅巨大的老护国寺场景。经营豌豆黄、蜜麻花、艾窝窝、豆面糕、豆汁、焦圈、面茶，多个品种的北京传统小吃。

豆汁儿是最具代表的京味小吃之一，梁实秋的《豆汁儿》中说："我小时候在夏天喝豆汁儿，是先脱光脊梁，然后才喝，等到汗落再穿上衣服。"我坐在桌前，高淳海笑呵呵地说，你写过梁实秋传，来碗他的豆汁儿怎么样？其实早有此意。豆汁儿配焦圈，护国寺小吃的头牌。

此时，青团上市时节。店门前横二条街道，往前走出不远，有一个临时摊点卖青团。吃完护国寺的豆汁儿和焦圈，又遇青团，想起杨树林空地的泥胡菜。

青团，江南出产的食物，因色得名，俗呼青圆子。受节气的制约，又叫清明果。清明节吃青团，除了祭祖之外，春季肝火旺盛，起食疗作用。

青团是草汁做成的糕团，食材一般为三种野植，泥胡菜、艾蒿、鼠曲草。放入大锅，加石灰蒸烂，漂去石灰水，揉入糯米粉中，做成绿色团子。古时清明节，人们不生火做饭，冷食先做好。青团，清明前后艾草的汁、糯米和面粉拌匀，包裹各种馅料，蒸制而成。各地有类似的糕点，制作方法以及习俗，与青团差不多。青团清甜馨香，带有艾草香气。民间传说李秀成吃青团：

传说有一年清明节，太平天国将领李秀成被清兵追捕，附近耕田的一位农民上前帮忙，将李秀成化装成农民模样，与自己一起耕地。没有抓到李秀成，清兵并未善罢甘休，于是在村里添兵设岗，每一个出村人都要接受检查，防止他们给李秀成带吃的东西。

回家后，那位农民在思索带什么东西给李秀成吃时，一脚踩在一丛艾草上，滑了一跤，爬起来时只见手上、膝盖上都染上了绿莹莹的颜色。他顿时计上心头，连忙采了些艾草回家洗净煮烂挤汁，揉进糯米粉内，做成一只只米团子。然后把青溜溜的团子放在青草里，混过村口的哨兵。李秀成吃了青团，觉得又香又糯且不粘牙。天黑后，他绕过清兵哨卡安全返回大本营。后来，李秀成下令太平军都要学会做青团以御敌自保。吃青团的习俗就此流传开来。

二〇一四年四月，我住在北碚美翠佳园小区，清明节过后，高淳海的同学从乡下老家回来，送他一盒青团，自己采泥胡菜、艾蒿、鼠曲草做的，味道特别好。之前知道青团以艾蒿汁为原材料，却不知其中还有泥胡菜。

在西单附近闲逛，拐过几条街，转悠西四南大街，去看万松老人塔。院子里的正阳书局，买了三本旧书，《春明叙旧》《闾巷话蔬食》《关东梨园百戏》。回宾馆翻阅讲述老北京民俗饮食，无青团的记载。无可厚非，它是江南产物，在北京卖，也是舶来品。

杨树林中的空地，泥胡菜的花，使绿色中有亮点。我经常来这里，不管天气多么热，看泥胡菜，观赏喜鹊巢窠。

人间肥桃

俗话说："天上蟠桃，人间肥桃。"这句话硬气，一般桃不敢这么比喻。肥桃，又名佛桃、寿桃，个头大，味道好，被誉为"群桃之冠"。一千一百多年栽培历史，自明朝起已经是皇室贡品。

二〇一九年九月三日，我准备旅行物品，明天去东北老家一个林场住一段时间。上午九点多，接到泰安文友张桂兰寄来的两箱肥桃。

今年夏天早市卖桃的摊多，蟠桃、扁桃、油桃，好几个品种，就是没有卖肥桃的。几年前回济南家中，母亲拿出一个肥桃，她说这是正宗的肥桃，我父亲的学生带来的。以后很少吃真肥城桃，对别的桃不感兴趣。肥城桃果大，果实圆形，果尖微凸。每箱装六个，大桃不用吃，拿在手中都喜人。

我国是桃的故乡，公元前十世纪左右，《诗经·魏风》中就有"园有桃，其实之淆"记载。一些古籍中都有关于桃树的记录，这说明在远古时期，黄河流域广大地区都有桃树种植。西汉礼学家戴圣所编《礼记》，我国古代一部重要典章制度选集。书中提到当时已把桃列为祭祀神仙五果之一。

肥桃传说有一千多年的历史，经过资料考证，并没有这么久远。最早的文字，始见于一七二六年（清雍正四年），《山东通志》记载："桃产肥城者佳，临清次之，分销各处。"八十九年后，一八一五年（嘉庆二十六年），《肥城县志》所记："桃味美，他境莫能及，惟吕店、凤山、固留诸社出者尤佳。"从此之后，肥城桃名声越来越大。又隔九十三年，一九〇八年（光绪三十四年），《肥城县乡土志》书曰："远近千里外莫不知有肥桃者。"肥桃成为皇室贡品，不仅国内声名远传，也扬名海外。肥桃作为皇室贡品，就变得珍贵起来，一般人不敢吃，使桃业生产遭受打击。一九三四年《肥城桃调查报告》记载："其时（光绪年间）县知事因作为贡品，或馈赠上峰，差役于成熟之前，至各桃园查封贡品，凡栽培较佳，结果丰盛之园，多被封禁不准他售，但能向差役纳贿，则可以免封。否则只能听之。其被封之园，届成熟期，差役持粗目之网摘果，凡不漏网之大果为贡品，其落网者则差役取为己有，无须给价。即作贡品者，给价与否，亦只能任差役之好恶，农民何敢与争。是以彼时农民种桃，反易招祸，多有伐去之者。"

肥桃有许多传说，一些名家都有文字记载。一九三五年，隐居泰山脚下的冯玉祥，经常去肥城巡察。肥桃使他产生兴趣，派人到肥城北仪仙村购地建桃园，作为肥桃栽培基地。他写过一首诗："肥城桃，肥城桃，不独供给富人食，劳苦大众也要吃个饱。"现在这片肥桃基地，还是果实连接成串，当地百姓都怀念冯将军的功德。

作家梁实秋在《忆青岛》中赞美肥桃："再如肥城桃，皮破则汁流，真正是所谓水蜜桃，海内无其匹，吃一个抵得半饱。今之人多喜怀乡，动辄曰吾乡之梨如何，吾乡之桃如何，其夸张心理可以理解。"如同一幅国画，梁实秋用文字线条画出肥桃甘美。

肥桃果形好看，个头如同拳一般大。成熟后的果皮淡黄，皮薄肉嫩，汁液多，味美香甜。肥桃吃法与众不同，在桃上随意咬一口，露出里面的肉质，即可吸尽。肥城桃含有多种维生素和微量元素，具有营养价值。

多年没有吃到真正的肥桃，接到文友寄来的美味，在微信发一条信息，对此表示感谢。文友回一条说："不客气的，高老师，这是肥城刘家台村的肥桃。今年桃子最后一波，也是最好的一波。我亲自去摘的，明年有时间，我陪你去桃园里摘。"

刘台村位于泰山西麓，地处肥城市仪阳镇西部山区。刘台肥桃名气大。我去过泰山两次，由于季节关系，没有吃到肥桃。文友的邀请触碰心动，今年收获季节，真想去一趟刘台村，亲手摘肥桃。

枣花井

沾化冬枣形似苹果，皮薄肉脆，誉为百果王。沾化冬枣自明朝年间始，即为宫廷贡品，它受籍贯滨州的宣德帝的孙皇后喜爱，成为朝中必备水果。

明朝燕王朱棣"靖难"之役，以胜利结束，最后夺取皇位。北部边境蒙古部落，这时又起兵叛乱，成祖五次带兵亲征漠北。所走过的地方，担心疑兵，在内部清理奸细，长时间征战，纪律不严格，意志不坚定，一路烧杀抢掠，尸骨遍野，血流成河。百姓没有赖以生存的东西，生活极端困苦，史称"燕王扫北"。

相传，途经沾化时，明军正欲包围村庄，却见村中百姓围在一棵老树面前跪拜。忽然老树上空霞光万丈，电闪雷鸣，接着飞沙走石，扑向军中。明军顿觉头晕目眩，不明所向。军师见此情景，连忙命令全军急行，越过本地村庄北进。此地百姓遂得平安，且人丁世代兴旺。村民们跪拜的那棵老树便是冬枣，她在危难之时，大显神灵，保佑了这方百姓。当地百姓怀念不忘，将冬枣树视为"神树"。

一口井是村庄的灵魂，不知蕴藏了多少故事。泥踩墙围的院子，种着几株枣树，养一群鸡和狗，一家人平静的生活。一条土路伸向村口，年深日久，碾下的辙印，记载漂泊的艰难。

秦口河在村边流过，它和村庄相连。平原上的河有丰富的历史，曾经繁闹的旱码头，外乡人告别祖辈生长的故乡，拖家带口来这儿行船捕鱼，开荒种地，生儿育女。天津卫的老客溯秦口河乘船而来，在镇上开商号，搞水上运输。不长的街道，有数家"洋布行""洋油行""颜料行"，店铺的日常生活用水都是运来的。漫无边际的盐碱地，荒凉壮阔，难得寻到淡水，井水有淡淡的甜味，方圆几十里的人都知道。井水养育村里的人，附近村镇人吃水全依靠这口井。专门的卖水车，送水人不分春夏秋冬，天气变幻，赶着枣木做的大车，腰上插着水牌子，以此为生。

井被村庄包围，春天枣树开满黄花，整个村子花香弥漫。偶有枣花吹落井中，漂浮水面。来打水的人，看这情景高兴，水中有枣花，浸泡一股枣香，他认为是吉祥的兆头，挑回家倒进水缸，几日舍不得丢掉。

在枣乡枣的吃法多，"檐枣"是指带着枣叶掰下来，扎成枣簇，挂在土屋的屋檐下。有一种风俗习惯，把枣铺在炕席下压扁，炕成干，就成为吃时酥脆的"炕枣"。当地作家写道："到了大年关，年糕、丝糕、花狸虎、豆包，这故乡农家的四大年吃，哪样也少不得枣。"盐碱地上难长植物，槐树、杨树一些别的树种，生长不了几年，扎下的根，耐不了盐碱地的腐蚀。枣树适应这样的土壤，有着顽强的活力，它的树干是做车辐、车瓦的好材料，耐磨、坚硬不变形。院落的枣树长得茂盛，使土屋有了绿色。玉米秸烧的土炕保温性好，驱散夜的寒气，烙人的筋骨，解乏除累。大炕随意，家织土布做的被子，盖在身上舒适，睡得香甜让人留恋。家人睡在一铺炕上，挤挤挨挨，形成安稳的家。一个生命呱呱坠地，清脆的呼喊传出很远。年轻的母亲把孩子抱在怀中，她的怀土炕似的温暖，笑容和枣花一样。窗外的枣树结满枣，这一年风调雨顺，又是丰收年。他蹒跚学步，跟在母亲的身后走到井边，第一次看深处的清亮的水，井是他生命中的一部分，不论走到哪儿，都会想念母亲，想念滋养他的甜水井。

白天守在家中的妇女，忙完里外的活计，阳光透过木窗棂，便伏在阳光下描纸样。想想岁月中的情景，扣动心弦，在一笔一画中，倾注了理想和对明天的向往。一双灵巧的手，握过锄杆，农忙的季节扎过麦捆，凭一把剪刀，精心地剪出八仙过海、七仙女、龙凤呈祥、喜鹊报春、枣乡春色、鲤鱼跳龙门。剪碎的彩纸屑撒落炕上，纸片轻如枣叶，有了纹络，有了感动，有了呼吸，融入她们对土地的爱。当地有一种游戏"打瓦"，枣木板块立在远方，作为目标，再用枣木板块，通过各种方式击倒目标为胜利。乡俗游戏，深受青年男子的喜爱。每当月光明亮的夜晚，青年们踏着月色，就拿着瓦来了。他们在平整的场地，开始"打瓦"游戏。第一轮简单，手掷击瓦，凭的是准手。第

086

粗茶淡饭：梅子金黄杏子肥

二轮难度较大，凭技巧，拼力气。将手瓦掷出，然后脚踢瓦片击倒目标。游戏规定，单腿跳跃，只允许跃两次，单脚上瓦，单脚驱瓦。掷得远离目标，上瓦容易，击瓦时变难；掷得离目标近了，上瓦困难，击瓦于是容易。

这种古老的游戏，当下的乡村已经都消失了，很少有年轻人玩，甚至不知道。黄昏的井沿热闹，蝉声阵阵，归鸟疾飞。劳作的人挽着裤腿，裸露结实的膀子，从田间地头收工，陆续地聚集到井边，汲出清凉的水，洗去脸上的灰土。喝冰镇似的井水，滋润嗓子。宽天阔地少有树荫遮掩烈日的暴晒，烫人的天气，吸净身上的每一滴汗水。头上扎毛巾的妇女，挑着水桶走出屋子，一路不断向碰面的人打招呼。出外打短工的人，卸下驴车，干渴、劳累的驴饮一饮。水激得驴儿仰头，咴儿咴儿地叫唤，声音在村子回荡。聚在一起的村邻忘记劳累，打趣逗笑，传播白天在外的见闻和土地生长的情况。烟囱飘起的炊烟，引着疲劳的人回家去。看着屋里屋外玩耍的孩子一天天长大，听女人琐碎的絮叨。男人坐在炕上，抽一袋烟，放松劳累的腿脚。凉风吹动，挟秦口河水湿的气息，落日在西边的天际涂抹，渲染得色彩斑斓，几声狗吠，安静一天的村庄躁动。

圆月升空，井中洒落月光。乡村的静夜，井水醒着，倾听枣树的低语，虫儿的歌唱。母亲哄孩子入睡时，讲述枣的传说。

先有井，还是先有村庄，迄今没有人说得清。每年枣花开放，井中能见到枣花，井水仍有枣香。

武定府酱菜

小区大门左拐，沿着渤海九路，经过二水厂的大门，走过东李门诊所，便是长江一路。

高杜早市在不远处，每天散步回来，逛一下早市，买些蔬菜和水果。市场的进口处，有一家武定府酱菜店，没有什么装饰，门头上的牌匾醒目，买酱菜的人不少。

惠民县城，清朝时名为武定府，生产的酱菜色泽鲜艳，酱香味浓，称为武定府酱菜。明代天启年间，距今已有三百五十余年，惠民城内出现仙泉居、福元居、无香斋、大同和天顺栈，多家有名的酱园商号。仙泉居酱园的酱菜，清代时进贡朝廷。

店主中年妇人，胖乎乎的脸上带着笑，不见有过愁容。店的位置好，进市场必须经过。女主人善于经营，铺前支起架子，上面摆十几个盆，装着各种武定府酱菜。买酱菜的人拿夹子，夹起喜欢的品种，量多少根据自己的需求。我每天走过，买或不买，看几眼。常买的两样小酱菜，酱黄瓜、酱地环。我买酱地环多，对它有情感，引出思乡情，每一次买都是一种返乡的过程。

地环，多年生草本植物，块茎肉质脆嫩。地环入药，含有大量营养元素。每年放暑假去姥姥家度过，快开学的时候，准备回延吉家中时，上前山的自留地挖一袋地环。半山坡一片不规整的土地，这是姥姥家种的地环、茄子与青椒。三舅扛着尖嘴锄头，我胳膊上挎着土篮子，跟在后面。门前的小河要走出一段路，才有一座小木桥。人们在河中垫一些大石头，过往的人图方便踩着过河。

三舅举起锄头，在空中划出弧线，落进泥土中，翻起的土四溅，露出地环。我弯腰捡起，抖尽地环粘的泥土，丢进土篮子里。我带着地环离开姥姥家，心情有些不舍。去年秋天，重庆的朋友快递一箱黔江特产山珍地牯牛，其实就是地环，重庆叫滚牛。

武定府酱菜，在明朝时期，已经有多家酱菜作坊，有很高的酿造技艺。酱菜品种多，酱香味浓郁，清香可口。

二〇一三年，一次文学爱好者读书会，我受邀做讲座，会后请我们游览孙子兵法城。惠民县地处鲁西北平原，是古代著名军事家孙武的故里。历史可以追溯至夏商周三代时期。清初仍为武定州地，雍正二年（1724年），武定州为山东布政使司直隶州。雍正十二年（1734年），武定州升为武定府。

惠民县的历史悠久，出现众多名人，古代著名军事家孙武、隋朝画家展子虔、元代剧作家康进之。会后组织全体与会人员参观孙子兵法城，它是以具有千年历史的宋代棣州古城墙、护城河遗址为依托，古城墙现存一千五百米，高十米，底宽二十二米。中午吃当地小吃，上了几样武定府酱菜。

武定府酱菜是品牌，不论来往的客人多么重要，当地人探亲访友，都要带武定府小菜，作为礼品赠送。会议组织者在我们离开惠民时，每人送了一箱武定府小菜，东西不贵重，那一段时间，我家每天都有武定府小菜。

"世界上最伟大的葱"

　　北碚客居的日子，隔一两天去永辉超市，偶尔上江边农贸市场买菜。卖大葱摊位的牌子，写着山东大葱。从葱的形象，一看就是外来品，不是当地的葱。我每次买葱拿在手中，就想起黄河岸边的家。

　　当下物流发达，山东大葱来到西南北碚，不是新鲜事。葱应是章丘大葱，从它的植株高大，似梧桐树状，所以称"大梧桐"。这种葱，"辣味稍淡，微露清甜，脆嫩可口，葱白很大，适易久藏。"去年冬天，文强送我一盒"大梧桐"，每棵高达一米多，白长有三分之二，直径粗，学者吴耕民教授《中国蔬菜栽培学》中赞美道："世界上最伟大的葱。"

　　章丘大葱的最早品种，于公元前六百八十一年，由西北传入齐鲁大地，具有三千多年的历史。早在公元一五五二年，就被明世宗御封为"葱中之王"。《尔雅》《山海经》《礼记》《齐民要术》《清异录》多种古籍，对于葱都有载录。山东章丘大葱、陕西华县谷葱、辽宁盖平大葱、北京高脚白大葱、河北隆尧大葱、山东莱芜鸡腿葱、山东寿光八叶齐葱。这一类的大葱适宜烹调，辛香味厚。

北碚三月，玉兰花凋谢，西南大学僧雨楼前的紫荆花盛开，引来许多人拍照。下午阳光充足，打开窗子读书，只要向外望去，就看见缙云山上的塔。读梁实秋的《雅舍谈吃》，其中一篇《烤羊肉》，他写到潍县大葱，从地理位置上讲，潍县离青岛近，由于当时交通不便利，商品的成本关系，青岛人吃潍县大葱而未选章丘大葱合情合理。从另一个角度讲，梁实秋大学问家，又是作家，对生活的观察与普通人不同，他不可能不知道响当当的章丘大葱。梁实秋在青岛住了四年，远离家乡，每次想起北平烤羊肉，馋得口水快要流下来。恰好厚德福饭庄从北平运来大批冷冻羊肉片。他请人在北平为自己订制了一套烤肉支子。运来以后，他在家中大宴朋友，让孩子们去寓所后山拾松塔，架在炭上，松香浓郁。烤肉配上潍县特产大葱，其味美妙无比，"葱白粗如甘蔗，斜切成片，细嫩而甜。吃得皆大欢喜。"梁实秋的同学张心一，他的夫人，南方江苏人，家中不能吃葱蒜。而张心一是甘肃人，喜欢吃葱蒜。他有一次来青岛，梁实秋尽地主之谊，请他来家中吃便饭。张心一要上一盘大葱，别无所欲。梁实秋懂他的所请，备足大葱，家常饼数张。张心一拿饼卷葱，高兴地大吃，对于其他菜不感兴趣，吃得一头大汗。

二〇一三年十月，放长假的几天，踏上去青岛的旅途，我不是凑热闹游览，而是为了写梁实秋，拜访他的故居。二〇〇八年，我到过重庆，住在北碚西南大学附近的旅馆。前面有一条街，每天非常繁华，顺街往前走，经过雅舍。有一栋房子建在半山腰上，是修复后的新居。梁实秋在此生活过，这片土地上留有他的踪迹。

青岛对于我是陌生的城市，在友人的陪伴下，费尽周折找到鱼山路三十三号二号楼。铁栅栏的大门半掩，门边方形石柱子上，挂着黑底烫金字的牌子。读着英汉两种烫金文字的说明，简单的介绍，心中升起苍凉。触摸铁门，一声吱嘎声响，门让我推开，左侧一棵斜倒的大树，生命力顽强，根扎大地上。

进大门是一段下坡的窄路，不高的水泥墙，隔出梁实秋故居的二号楼。

故居是一座旧楼，印满时间痕迹，探出的阳台，水泥皮脱落露出红砖。当年梁实秋在这里居住，阳台是开放式的，尚未封闭。翻译累的时候，就站在上面，呼吸新鲜的空气，伸腰扩胸，活动筋骨，感受吹来的海风。

一九三〇年夏天，受杨振声的邀请，梁实秋到青岛大学任外文系主任。随后全家从北平迁到这里生活，他们的小女儿梁文蔷在青岛出世。梁实秋从北平订制烤肉的铁箅子，认为这个烤器在青岛独一无二。他从山坡上捡松枝和松塔回来，寒冷的日子烤肉，宴请闻一多诸友品尝。

二〇〇八年，我第二次去来北碚，住在西南大学附近旅馆，距离雅舍不远。我是在下午拜访雅舍的，衡门上的斗拱下，黑色嵌金字"梁实秋故居"的匾牌，里面是纵伸的青石台阶。过去的建筑已经消失，重构的空间发生变化，赋予新的意义。

两扇传统木门敞开，站在大门前，注视"梁实秋故居"几个大字，身后繁忙的马路、人流和车辆穿行而过，耳朵充满各种噪音，很难让心静下来。雅舍在上面的平台，我要登石阶。这条石阶路，不是为了创造景观而设，而是因地制宜。

初到重庆，自然环境和民风民俗与古老北平不同。乡音浓重的当地话，梁实秋听起来费力，有的话猜半天，才明白讲的意思。总不能天是房，地是床，每天睡露天中。梁实秋对当地的建筑感兴趣，觉得此地建房容易，最经济实惠。砖不是用来砌墙，却用来代替柱子，四根砖柱互不牵连，上面搭上木头架子，"看上去瘦骨嶙嶙，单薄得可怜；但是顶上铺瓦，四面编织竹篾墙，墙上敷泥灰，远远地看过去，没有人能说不像是座房子。"这样的房子在北平，只能作为储存杂物的仓库，薄薄的竹篾墙，能遮住人的目光，挡住风雨，却不能抵挡冬天的寒冷。梁实秋住的"雅舍"，用唐代白居易的诗比喻："吾亦忘青云，衡易足容膝。"

梁实秋生活在古老的大家庭中，长大以后又考入清华大学，然后去美国留学。他经过欧风美雨的洗礼，见过大世面的人，吃过正宗的西餐，住过大洋楼，看到过不同的建筑，"我的经验不算少，什么'上支下摘''前廊后厦''一楼一底''三上三下'；'亭子间''茅草棚''琼楼玉宇'和'摩天大厦'各式各样，我都尝试过。"梁实秋每到一个地方，很快融入当地，不会水土不服。人无论住哪里，对那所房子一定发生感情变化。这段生活是梁实秋的重要经历，反映了历史以及时代踪影。写出的文字，是孩子们打闹声，朋友们喝茶聊天的话语声，人身体的气味，构成雅舍的复杂空间。在战乱的年代，梁实秋来到后方重庆，远离炮火的危险已经幸运。他和友人建起"雅舍"，其目的不是为了享福，只想生存下来，不存有大奢望。雅舍是一所陋房，梁实秋将它安排的有条理，赋予浪漫诗性的名字。住进去两个多月，梁实秋对空间多了情感。阴灰的雨天过去，阳光从窗子投进来，使房子里多了温暖关怀。人们搭建简陋的屋子，建筑材料、竹子、茅草、泥土，脱离开大地，经过双手构建，实现想象的形式。窗棂上每根竹子，显现时间印记。光缠绕其上，奏出光与物的序曲，唤起人的情感。他感觉房子有家的暖意，可以蔽风雨，而且从窗子能向外眺望，看着挑担走过的人，注视风雨无常变化，有了创作的冲动。"然不能蔽风雨，

'雅舍'还是自有它的个性。有个性就可爱。"梁实秋写道："舍前有两株梨树，等到月升中天，清光从树间筛洒而下，地上阴影斑斓，此时尤为幽绝。直到兴阑人散，归房就寝，月光仍然逼进窗来，助我凄凉。"

我来到雅舍，回味描写的文字，从中发现宁静中的美。蒙蒙细雨，雅舍被水湿包围，有了朦胧诗意。梁实秋写作累了，推开窗子向外眺望，雾一团团堆积，吸着潮湿空气，看不到几米外的东西。下雨的天气，窗子不能敞开，听雨的清脆声，只能透过玻璃看。雨天的人容易伤感，雨丝愁思一般，牵扯人的思绪走向远方。人的情感脆弱，经不起雨声折磨。

梁实秋故居在西南大学一号门不远处，走出大门，沿着天生街往右拐，走过一个路口，马路对面是梁实秋的雅舍。

二〇一八年三月十五日，八年后，又是在下午，我和高淳海再次拜访梁实秋故居，没有多大变化，院子里梁实秋的塑像，他似乎刚喝完茶，坐在院子里休闲。右手梨树，白色花凋谢，地上铺满小花瓣。左手一棵粗大的黄葛树。玻璃柜里，有一副梁实秋戴过的眼镜，夜晚写作使用的油灯，清晨刮脸的剃须刀，这些实物仿佛还带着他的体温。在雅舍里，太阳从缙云山上滑落，夜色降临。梁实秋在雅舍掌起玻璃柜中的油灯，戴着眼镜，微弱的灯光下，回忆中写出在青岛的生活。

至于梁实秋的潍县大葱或章丘大葱不重要。我在北碚经常去菜市场和超市买菜，买山东大葱。梁实秋来北碚，如果在菜市场买到山东大葱，他会问一下，这是潍县大葱，或者章丘大葱。做菜炝锅的葱香味，弥漫雅舍里，游荡心中。

阳信鸭梨

　　北碚春天，连续几天晴天，万物复苏。西南大学的玉兰苑，路边玉兰花开放。玉兰花外形似莲花，满树花香，花叶舒展而饱满，花期短暂，开放时绚烂，异常惊艳。明代诗人沈周《题玉兰》诗中曰：

　　翠条多力引风长，点破银花玉雪香。

　　韵友自知人意好，隔帘轻解白霓裳。

　　"点破银花"真准确，表达玉兰花的惊人美。走在玉花苑，看着满树白花，回想起滨州阳信梨花。

　　二〇一六年四月十二日，我陪同诗评家谢冕观梨花。每年四月中旬，梨花吐蕊绽蕾，争相盛开，梨花呈五瓣形，花蕊嫩黄，洁白淡雅。阳信鸭梨种植历史长，距今约有一千三百多年的历史。梨祖杜母的甘泉驻跸景点在张玉芝村，从观花台以北，沿观花长廊步行几百米即可到达。该处有千年古树杜树，它是历代文人咏诗作画的题材，也有传说和奇妙的故事。此树是研究自然史的重要资料，年轮蕴含变迁的历史。树下有一口龙泉井，水清冽甘甜，民间相传：

　　宣德元年（1426 年）八月一日，汉王朱高煦在乐安州（治所在今惠民县城）谋反，宣宗朱瞻基遂率军征讨，大军出京城一路直奔乐安州而来。八月二十日，大军路过阳信境内，由于路途劳顿和天气炎热，宣宗口渴难耐。见路边有一果树，上面结满黄澄澄的小果子，便摘了一颗放在嘴里，不觉眉头一皱，问是什么果子？正在树下浇园的老农，赶忙跪拜，"启禀皇上，这树是杜母，虽有些酸涩，但它是所有梨树的祖宗，只有它的种子才能育苗、嫁接、繁衍。这果子不好吃，那就请您喝碗水解解渴吧"。说罢，随手从打水的柳斗里舀上一碗水，敬献给宣宗。宣宗接过一饮而尽，顿觉一股清凉纵贯全身。随即，宣宗让将士在此打水解渴。谁料井水越打越旺，宣宗惊奇万分，不由脱口而出："此乃梨祖杜母、甘甜龙泉也。"次日，宣宗将汉王镇压，把乐安州改为武定州，便班师回朝。虽然宣宗返回了京城，但受过皇封的梨祖杜母更加茂盛，驻跸的龙泉井水更加清澈，也更加甘甜。

　　这片土地因为梨祖母的呵护，出产的鸭梨外形美观，色泽金黄，梨梗基部突起，形似鸭头而得名。鸭梨皮薄核小，肉质丰富，脆嫩多汁，酸甜适度，称为天生甘露。

　　阳信梨花会，创建于一九九〇年，每年四月梨花盛开的季节举办。我们一行人下车，走进无边无际的梨园中。这是梨园最美好的季节，枝头挂满白色的梨花，扑鼻的清香味，在花海中使人忘记所有的烦恼。我和谢冕先生一路交谈，听他对梨花的评价，满树的梨花下，我们拍下合影。

　　读过画家殷立宏的四条屏《梨园雅集图》，让我想到陶渊明的诗句："万物各有托，孤云独无依。"这种"孤云"不是常人体会到的，也不是都能读懂，这是精神上的共鸣。殷立宏的画中，体现古人所倡导的"天人合一"，显现人生态度，这是画中要表达的思想。

阳春四月，阳信的大地上，空气中弥漫梨花的香味。殷立宏来到了历史悠久的阳信鸭梨园。

殷立宏没有带着想法，去梨花园赏花。当他走进梨花的世界里，坐在梨树下，白色的梨花，富有层次的诗韵，使他创作生出冲动。白居易诗曰：

梨花有思缘和叶，一树江头恼杀君。

最似嫱闺少年妇，白妆素袖碧纱裙。

古典和现代的情感，走进画家心灵中。石涛说："作书作画，是论先辈后学，皆以气胜。得之者精神灿烂，出之纸上，意懒则浅薄无神，不成书画。"石涛所说的"皆以气胜"，殷立宏在宣纸上很好体现。一株粗壮、遒劲的梨树，横空的枝上，结满白色的花朵，春风中漫出诱人的香味。天高地阔的自然中，所有杂念消失，梨林茂叶，和友人坐树下赏花。梨花绽放，人与梨树，人和自然交融，构成天地间的大画。盘地而坐，两人推杯换盏，饮之再赋诗，此番情趣，这才是真性情。

古人下围棋称为"手谈"，蕴含中华文化的底蕴。因为下棋，不需要语言表达，仅通过中指与食指的捏拿，移动黑白的圆子，方棋盘上，演绎命运和勇气。下棋的节奏，布棋子的力量大小，都能体验棋者心境。文人骚客对着仙鹤，吹一支意境深远的乐曲。殷立宏画的箫变形，长长的竹管，传达出画家心思。

当竹管贴嘴上时，淤积身体中的情，找到宣泄的地方，带着体温气息，吹进箫口的一瞬间，奏出轻巧波音，箫声绵绵，流畅抒情。箫是古老的乐器，适于吹奏悠长、恬静和抒情曲调，表达幽静、典雅的情感。古老传说、梨花的香味和画家的情感融化，变成线条跃然纸上。巨大空白，显现时间的变化，人与自然的情感，人世间的爱情是不会改变的。殷立宏在特定的画境中，通过四条屏画幅，表现出画家对艺术的追求。藏愚守拙的日子，远离尘世侵扰，放旷于自然之间，树木交荫，在梨花的簇拥中诗人举起手中的酒杯，邀请友人赏花作诗，对酒当歌。

殷立宏的画，给人送来一缕情丝。一个人可能多次走进梨花盛开季节，面对满树梨花，除了赞美，却看不到梨花背后东西。殷立宏用画家眼睛发现，而且有感悟和思索。

蒙德里安说："艺术必须超越现实，必须超越人性，否则，它对人毫无价值。对物质利益者来说，这种超经验的品质是含糊和虚幻的，对于超凡脱俗者而言，确实是明确而清晰的。"画家敢于不断探索，创作出新的天地，让宣纸上涌动激情。当灵魂和自然捣兑在一起，这样创作出来的作品，既古典，又现代，既个性，又真实，既情感，又诗意，这样的画作恒久，不会被时间丢弃。

阳信鸭梨之乡，土壤质地，气候特征，为鸭梨提供良好的自然条件。阳信鸭梨栽培历史悠久，已有千余年的历史。唐朝初期，土生梨种进入人工栽培，宋末明初开始园林生产和商品经营。清末民初，有人凭着古老的运输方式，靠着肩挑车推，将阳信鸭梨送往登州的码头，销往东南亚一带。

近几年，鸭梨进行深加工，研制出新型的绿色保健饮品。

我们去酒店，每人餐碟边上有一小瓶鸭梨醋饮。新型饮料，有一定帮助消化、软化血管的作用。

整个冬季，去早市的时候，菜市口看到一辆三轮车，专门卖阳信鸭梨的。摊主是中年男人，手中拿着保温怀，不断呷喝。我来滨州三十多年，听不懂当地话，几次后，才明白是卖阳信鸭梨。

我经常在摊上买鸭梨，他一口阳信话，说起话来特别幽默。一来二往，每次去早市，经过摊前，他都热情打招呼。

我查阅手机日志，二〇一六年四月十二日，我陪谢冕先生在阳信看梨花的照片。一棵梨树，满树开放的梨花，我们以这"千花万花"的梨树为背景，留下美好瞬间。

二〇一八年三月，我在北碚西南大学杏园，玉兰花盛开季节，一朵朵花，又勾起我想念阳信梨花。

海绿茶

一片片茶叶，水中漂荡，香气从杯口中升起。我喝日照绿茶，即使出差在外地，旅途中都要带一小茶叶桶。日照、韩国宝城和日本静冈，是被世界茶学家公认的三大产海绿茶的城市。

日照绿茶汤色黄绿明亮、香气丰富，叶片厚耐冲泡。由于地域关系，因为地处北方，昼夜温差大，受气候的限制，茶叶生长缓慢。它是北方茶。日照始于何时种茶，尚未有可考证据。

我经常去一家茶叶店买茶，他家专卖日照绿，时间长了，彼此相识，可以买到新茶。我去外地带几盒日照绿，作为送朋友的礼物。人和茶相伴不会寂寞，沏一杯热茶，坐在窗边，望着掠过的风景。冲开的叶子沉浮水中，茶色淡雅，细品慢啜，回味润喉的感觉。清浓的香味冲入肺腑，驱散离家的思绪。有时回济南给父亲买一些，他喝一辈子茶，什么茶一闻，就知道是陈茶，还是新茶，他对这家茶表示不错。

父亲好喝茶，他有一把紫砂壶。泡一壶茶，坐在沙发上，向窗外的天空望去。如今父亲八十岁，不改喝茶的习惯，跟着他三十多年的紫砂壶，摆在书橱上舍不得再用。每天和手的摩擦，色泽变深，紫砂壶成为珍藏品。父亲和家里人对它爱护，不想使用中发生意外。

紫砂壶是剧作家斯民三送给父亲的。我看过《小字辈》等他写的多部电影。当年他妹妹是上海知青，戴一副眼镜，下乡在苇子沟插队。有一次出工，被狗咬伤腿，远离家乡，乡下医疗不及时，她被送到我家，在我母亲的精心护理下，养了半个多月的伤。那一年秋天，她回上海探亲，她哥哥为了答谢，托妹妹捎来紫砂壶。

家里来"且"（方言，"客"的意思），父亲用紫砂壶泡茶招待，铁皮茶叶桶，上面印有西湖的图案，跟着紫砂壶形影不离。我年纪小不知茶的好处，有时喝一口，苦苦的觉得没意思，不明白父亲不喝酒，却好喝茶。壶跟着我们一家，从东北来到了山东，成为家中不可缺少的东西。

我现在喝茶，与那时熏陶有关。每天第一件事情，就是泡一杯茶，如果不喝茶，一上午感觉少些事似的。我喝茶不讲究，对茶叶不挑，绿茶更好一些。我喝酽茶不是为了提神，只是个人喜好。大玻璃杯多放上茶叶，倒入沸水，香气清新，先忙别的事情，抽时间喝一口。不误工作，也不误喝水，两全其美。其实坐下来，一点点品，更有回味。后来读苏轼诗，对茶有了感受：

活水还须活火烹，自临钓石取深清。

大瓢贮月归春瓮，小杓分江入夜瓶。

雪乳已翻煎处脚，松风忽作泻时声。

枯肠未易禁三碗，坐听荒城长短更。

苏轼用"活水""活火"两个活字，道出一种境界。我对煮水器具、泡茶水质、饮茶用具有了初识。闻龙在《茶笺》中说："摩掌宝爱，不啻掌珠。用之既久，外类紫玉，内如碧云。"

壶用久了，人和壶之间多出感情，芳香渗进壶的紫砂里。积挂
的"茶锈"存下香气，空壶不入茶，往里注入沸水，也漫出茶
香。苏轼喝茶讲究，"铜腥铁涩不宜泉"，他对于壶的选择严格，
不随意乱用。"东坡提梁壶"相传为苏东坡所创制，端重圆纯，
提梁设计简巧，无一处多余赘述。有了名壶，沏茶的水重要，
好茶没有好水，茶浪费掉。汪曾祺的散文，如同品茶，读时急
不得。他对茶有自己看法，昆明黑龙潭的泉水，他喝过泡茶的
好水："骑马到黑龙潭，疾驰之后，下马到茶馆里喝一杯泉水泡
的茶，真是过瘾。泉就在茶馆檐外地面，一个正方的小池子，
看得见泉水咕嘟咕嘟往上冒。"

　　我的书橱上，也有一把紫砂壶，壶的色泽深，短短的嘴，
盖上的拎手是一条打挺的小鲤鱼。壶的大小适合独饮，或两人
使用。它和我父亲的紫砂壶不一样，形状和色泽、年代不同。
壶从进入书房后，尚未装入一滴水，闻到过茶香。摆在书橱是
件工艺品，时常用湿布擦一下，抹去落的灰尘。拿在手中把玩，
壶口对准阳光，光在壶中游荡，伸进两根手指，想捏出一缕
阳光。

二〇〇三年，朋友从老家宜兴回来，他喜欢摄影和绘画，日常我们一起交流读书，把我叫到他家，桌子上摆了几把大小不一的紫砂壶，他让选一把当作礼物。壶底落款，施印"满晓玲制"，壶是他表哥家作坊产的，可能是表姐，要么表妹的名字，就是壶的制造者。

有一次，我去日照开会，住在临海的酒店。刚一入住，会务组送来一袋日照绿，让我们泡一杯茶，解除途中的疲劳，我对此茶熟悉有感情。日照地处山东省东南部，东临黄海，属暖温带湿润季风气候，一年四季阳光充足，雨量充沛。丘陵土壤呈微酸性，属黄棕壤土，含有丰富有机质和微量元素。沿海气候条件，孕育日照绿茶品质，被誉为"江北第一茶"。

我拜谒梁实秋的雅舍，他女儿梁文茜的《忆雅舍》，文中写道："南边一间最讲究，有一套藤沙发，花靠垫，墙上挂着字画，这里常来的客人有萧伯青、席征庸、老舍、胡絜清、赵清阁、陈可忠、王向辰、顾敏琇夫妇等，好多父亲的老朋友，有的走着来，有的坐滑竿来。这是一间父辈朋友聚合的场所。"梁实秋和友人们聚会，自然少不了茶。黄昏时，我和高淳海走进雅舍，进入梁文茜说的那间房，现在人去屋空。梁实秋在一文中说："近有人回祖国大陆，顺便探视我的旧居，带来我三十多年前天天使用的一只瓷盖碗，原是十二套，只剩此一套了，碗沿还有点磕损，睹此旧物，勾起往日的心情，不禁黯然。盖碗究竟是最好的茶具。"我们走在雅舍，旧的东西见不到了。窗口一张桌子，梁实秋写作的地方，我拍照片留下一段情感。雅舍马路对面的不远处，有家茶店，高淳海每次放假回来，带的茶叶都从这家买，现在关门改做别的生意。

回到济南的家中，老茶壶泡上日照绿，茶是我从滨州茶店买的，小瓷杯喝水，和父母唠嗑。我对茶外行，尽管天天喝茶，对茶文化无太多的造诣，只是喜茶的味道。

早春嫩芽

    清晨打开手机，微信朋友圈发信息，大多数和春分相关。今天春分，一年之计在于春。

    北方还在穿保暖衣，南方已经是春天。我在北碚脱下毛衣，可以穿单衣。走出杏园小区，西南大学的校园安静，学生们尚未起床，只有保洁员清扫道路。走学校五号门，穿过渝北路，拐向文星湾路向江边走去。

    水厂公交车站向左方走，进入文星湾二巷。山劈出的一条路，陡立山岩。凸凹不平，岩壁攀伏树的根须，结满苔藓。前方二百米处是嘉陵江。每天在江边散步，听江水流淌声。

    江边有一片玉兰花，今天看到了花瓣落光，换成满树嫩叶。鲜绿让人心头撩动，情绪波动。其中有一棵树，横伸出粗大的枝丫，前几天开玉兰花，外形似莲花，花瓣向四方展开。旁边的一棵天目木兰，淡粉红色，小枝带绿色。那天清晨停留很久。玉兰花美丽，惊呆脚步，无法继续走。

玉兰花花期不长久，几天后凋谢。北碚夜里下雨，清晨去江边看玉兰花，地上湿淋淋的。我小心踩着石阶下江边，玉兰花经不起雨的洗礼，地上落下很多花瓣，它们归于泥土，有点让人溅泪的感觉，心中浮现酸楚。手机中拍的玉兰花存下盛景，现在转眼却是花残凋败的景象。

春分时节，曾经一树百花争放的日子留在回忆中，满树的绿色带来另一番风韵。一只鸟儿停在枝头上，对着天空歌唱，是献给春天的礼物。

春分为二十四节气之一，《明史·历一》说："分者，黄赤相交之点，太阳行至此，乃昼夜平分。"这一天，民间流行立蛋，选择光滑新鲜鸡蛋，竖于桌子上，故有"春分到，蛋儿俏"说法。民间所说的春人，谓之"春官"。春分时，春官挨家送春牛图。纸或黄纸印上全年农历节气，印上农夫耕田图样，名为"春牛图"。送图者说些春耕的农时话，每到一家，见啥人说啥话，吉祥话说得主人高兴马上掏钱，打发送福人。言词随口而出，句句有韵动听。

别人送我母亲一棵香椿树苗，种在窗前的花池子里，精心莳弄，经常浇水呵护。每年春节过后，盼着春天树叶绿了，香椿树结出新叶，摘下来舍不得自己吃。有一年，我在外地开会，回来时，她从冰箱找出塑料袋包好的香椿芽。她说从树上摘下，为我留一些，怕我今年吃不着新鲜的香椿芽。中午母亲做了香椿芽炒鸡蛋。每次在街头遇上卖香椿芽，就想起母亲。

我居住城市下面的邹平县，盛产红芽香椿，早春时的嫩芽呈红色，香味醇浓，营养丰富。阳信河流乡王下马村，有一个四百亩的香椿园。早在明永乐年间，该县勃李乡王六生兄弟，由于他们栽种香椿出名，被誉为香椿王，后来该村称为香椿王村。

有一年，朋友回老家新泰，参加表哥的婚礼，带回鲜香椿送给友人，他说是马家寨子的香椿。这个村子的香椿，相传明代初年，早春时节，朱元璋途经这个地方，远远望见一片红，以为春天开的花，从风中闻到扑鼻的香气。赶到跟前一看是香椿，掐了一枚含进口中，香气漫溢，便说好东西，从此以后，马家寨子香椿变得珍贵，成为皇宫贡品。

香椿树最为显赫的出场是《庄子内篇·逍遥游》："上古有大椿者，以八千岁为春，八千岁为秋。"香椿是长寿树，自古以来称其为百木之王。还有一种与之相对的植物，称为臭椿。

香椿开的花小，白色花朵，有暗香。蒴果狭椭圆形，成熟后，呈红褐色，果皮裂成钟形。种子小，上有木质长翅。早春的香椿，嫩叶营养丰富，味道鲜美。

臭椿的种子扁圆，呈黄褐色，味苦涩，性寒。故俗语说道："臭椿弹子摆果碟，好看不好吃。"臭椿的果实可入药，具有清热、祛燥湿的功效。

古人将臭椿称为樗，龙口民俗学家王玉珉的《老黄县》中说，老黄县民间习惯称臭椿，"叫做樗木经风雨而不烂，加之'樗'与'出'谐音，早年间人们喜欢利用樗木做街门门框，希冀家门出人才，出英才，出天才。"

四月三日，我从重庆赶回济南，准备清明给母亲扫墓。走进老院子，看着窗前香椿树，没有往年母亲照顾，显得孤零零的，树上结的香椿比去年少。今年的叶不茂密，无人采摘。望着五六米高的树，快长到三层楼高，几十朵香椿，露出一丝旺盛的生机。

伟哉胶菜青

齐白石画白菜，也喜欢吃白菜。有一次客人带卤肉来，外包的白菜叶，他舍不得扔掉。白菜叶洗净，叫家里人切一下，用盐拌上。中午在腌的白菜叶中加点秋油，有滋有味地吃起来。

齐白石吃了那么多白菜，肯定知道山东胶州的大白菜，种植已有四百多年历史，号称"胶白"。

妻子所在的公司去胶州办事，早晨离家前，问捎点啥土特产回来，我回答大白菜，那是当地名吃。妻子以为开玩笑，回答一句，那买一车回来让你吃个够。

下午妻子从胶州打来电话，问买多少"胶白"，我问"胶白"是什么，她说你要吃的胶州大白菜。我一时反应不过来，随意说的玩笑，她当真的买白菜。放下电话，我上网搜寻胶州大白菜，原来吃过这种大白菜，但对它的历史不清楚。

胶州大白菜栽培历史悠久，叶子淡绿，纤维比较细嫩，味美清口。有诗曰："伟哉胶菜青，千里美良田。"一九一五年冬天的时候，袁世凯做了洪宪皇帝后，想起当年跟随西太后，吃过一次胶州大白菜。不知为什么，总想吃那个味道，命内务部总长朱启钤，派人前往胶州，调胶州大白菜入京，一饱口福。

白菜古代叫菘，白菜经过冬天的寒冷，依然不凋萎，显现顽强的性格。白菜种类很多，北方的大白菜，有山东胶州大白菜、北京青白、天津青麻叶大白菜、东北大矮白菜、山西阳城的大毛边等。白菜素有菜中之王的称谓，生活中不可或缺的蔬菜。

白菜除供人们食用之外，还具有药用价值。我国医学认为，白菜性味甘平，有解渴利尿、通利肠胃的功效，经常吃白菜可预防维生素 C 缺乏症。明代药学家李时珍《本草纲目》记载："白菜，甘温无毒，通利肠胃，除胸中烦，解酒渴。消食下气，治瘴气。止热气咳。冬汁尤佳，中和，利大小便。"

过去每到秋天，秋菜拉回家中。清晨起来趁天气晴好，把白菜垛打开，一棵棵摆空地上。下午四点钟左右，赶紧收白菜摆成圆圈形，层层往上垛，并且收口。盖上草袋子，压上石块，免得夜里刮风吹落，冻坏白菜。

有条件的人家，砖砌的菜窖阔气，里外水泥浇筑，上面建小仓房。一般人家的窖在院子中，选择土层好的地方。窖顶用粗柞木做梁，铺上板皮、稻草，窖口按方木框埋上厚土。土窖结实，到了冬天窖壁爬满霜花，泥土味闻着舒服。晚秋晒好的菜在冻前下窖，腌的咸菜下窖，白菜一排排摆两旁，每层垫两根木条，便于透气，不容易腐烂。

我老家延边朝鲜族自治州，朝鲜族居民分布州内各地。人们的生活互相交融，朝鲜族人家包饺子，汉族人家腌辣白菜。

姥姥会讲流利的朝鲜语，喜欢做朝鲜族的饭菜。我愿意吃辣白菜炒饭，吃起来别有一番风味。白米饭配上辣白菜在锅中翻炒，红白相宜，香气扑鼻，引起阵阵食欲。

离开延吉三十多年，每到秋天，父亲张罗腌辣白菜，渍酸菜，两种菜成为家中的招牌菜。我家准备很多的玻璃瓶子，来的客人走时，父亲热情地送一瓶辣白菜，他说美容。严格上来说，父亲腌的泡菜很少吃，因为从延边长大，吃过正宗的辣白菜，他腌的辣白菜缺少东西，发酵后太酸。

"菜中之王"的美名，据说是齐白石提出来的。他有一幅写意大白菜，"牡丹为花中之王，荔枝为百果之先，独不论白菜为蔬菜之王，何也？"题句中"菜中之王"传播开来。

夜晚九点多钟，妻子打来电话，让我下楼搬从胶州买回来的白菜。穿好衣服，走出家门，和远方的"胶白"相见，近几天，家中有白菜可吃了。

野菜麦蒿

从南方回到北方，一时适应不了，刚下飞机，阳光刺得眼睛不舒服。北碚的两个多月里，天气潮湿，阴郁的天空是常态，所以再回北方，面对阳光难以接受。

清晨又回到过去的日子，上黄河大堤步行。两边的树木光秃秃的，但隐隐浮出绿意。大地上新鲜野草冒出，夹杂在干枯的草叶中，显出旺盛的生机。昨天我还在北碚，嘉陵江边绿意盎然，玉兰花凋谢，接着紫荆花开，紫藤花灿烂。江水一夜间猛涨，淹没空旷的河滩，流水声节奏鲜明，那是天然的合唱。

再过几天就是清明节，万物复苏，新芽从大地钻出，草木也顶着新绿。我去年刚认识的麦蒿，也该出来了，它不但可以吃，还有药用价值。

麦蒿的食用方法很多，凉拌、热炒、做汤、做馅。我在大堤上散步，每天和它相遇，有时不知叫什么名字。十几年前，河滩地种下大片麦地，乍暖还寒的早春，麦苗返青，麦蒿不甘落后，从冬眠的大地中醒来，快速生长。麦子拔节的时候，它蹿得老高，开出纤弱小黄花。有一天清晨，我在麦地边上走，钥匙不小心掉落，回家走到半路，摸兜时发现不见。返身往原路回去，在一片麦蒿边上，看见钥匙安静躺地上。我望着野菜，闻着野性的清香，那时不知道它的名字。

一条小路，向庄子的深处伸展，我认识护理树林的老董头。儿子开一家汽车修理厂，为了他每天消磨时间，承包这片林地。只要天气不坏，他便扛着铁锨在林中转悠。隔一段时间，背着绿色的喷雾器，扳动摇杆，把药洒向林木，灭扑来的虫。我们相遇时，常停下脚步聊几句，我问庄子里过去的历史，通过他认识了野草麦蒿。它的学名叫播娘蒿，属于十字花科植物，一年生草本。麦蒿开出的花，黄灿灿的。

麦田成片的地方，那些田埂和小路上多有麦蒿。走进大地深处，采摘麦蒿以后，处理好，加点韭菜，拌上肉馅包包子、包饺子味道鲜美。做鸡蛋糕也可，黄绿白相间，色香味俱全。

几天的阴雨，南方清寒的湿渗进所有地方。散步路线改变，我要穿越西南大学的一段校园，过一条马路，上嘉陵江边的码头。走出楼道，撑开伞，小雨中走向江边。此时学生们放寒假，学堂路两边的灯亮着，一棵棵不同品种的树，经过雨淋漓显得清新。二球双铃悬木、香樟、小叶榕、莙葖，每次经过，看到树身上椭圆形的绿牌。天边透出亮光，鸟儿的叫声清亮，划破湿淋淋的空气。循着声音的方向望去，由于树叶茂密，无法发现它在什么地方。雨落伞面上，发出脆亮声音。潮湿的空气，吹在脸上有些阴冷，它和北方烈风截然相反。如果北方冬天下雨，这是极少见的，在北碚，平常不过的事情。

我一个人走在路上，看到枯叶贴于地上，见物思情。有时人心脆弱，一个小物件能把心中的往事引出来。几十年来，第一次没有在父母身边过年。去年母亲病逝以后，一枚落叶，一滴雨，不起眼的小东西，都能引出浮现母亲在时的情景。此时，我在嘉陵江边想写封信，把思念寄给母亲。南方阴冷的碎雨，扰乱平静的心绪。独自走在校园中，耳朵里只有雨声，听不见人的话语声。

拐过前面弯路，往左是现代诗歌研究所，路口边上，矗立一座鲁迅先生头像。先生的一双眼睛，刀锋般的尖锐。清晨阴雨天气，校园里安静，我举着伞站在先生像前，望着他目视前方的神情。来北碚之前，我重读他的作品，回味他笔下的每一段描写。

雨不大，节奏鲜明，我用心向鲁迅先生敬礼。随着年龄增长，对鲁迅爱和恨的理解，不是停留字面上，而是用心。

绿色在雨中的鲜嫩，使我想起黄河岸边的家，每天步行的大堤上，是否和北碚一样绿意盎然，各种花竞相开放？麦蒿应该攒足精神，等待一场雨的降临，破土而出。回想麦蒿感觉亲切，在嘉陵江边杂草中，寻找过麦蒿的影子。那片土地不长麦子，怎么会有麦蒿呢？

从南方回来，不顾途中疲惫，去黄河大堤上行走，急于想看春天麦蒿新生害羞的样子。

黄花褪束绿身长

丝瓜，家常菜，吃起来快捷方便。寒冷冬天做"海米丝瓜豆腐汤"，热乎乎的驱散身上寒气。菜的做法简单，没有太多技术含量。海米洗净，水泡好，丝瓜去皮切条。豆腐切骰子块，姜切丝。汤锅里烧水，放入姜丝和海米。水烧开海米煮几分钟，放豆腐块，入丝瓜。

小时候看着母亲洗碗，拿出瓜形植物纤维，俗称菜瓜布。这种植物纤维，就是丝瓜晒干后的瓤，代替海绵做洗刷工具。诗人陆游用丝瓜瓤"涤砚磨洗"，其优点颇多，不仅"余渍皆尽"，还一点不损伤砚身。丝瓜细长呈圆筒形，密生茸毛。另一种棱角型的丝瓜形体大、短粗，有棱角。历代诗人喜食这种菜，宋代诗人杜北山有《咏丝瓜》：

寂寥篱户入泉声，不见山容亦自清。

数日雨晴秋草长，丝瓜沿上瓦墙生。

丝瓜原产地在欧洲南部和亚洲西部，经印度传入我国南方。明代汪颖《食物本草》中说"丝瓜，本草诸书无考"。丝瓜药用价值很高，里面网状纤维，称丝瓜络。明代药学家李时珍《本草纲目》对丝瓜记载："丝瓜，唐宋以前无闻，今南北皆有之，以为常蔬。嫩时去皮，可烹可曝，点茶充蔬。老则大如杵，筋络缠纽如织成，经霜乃枯，涤釜器，故村人呼为洗锅罗瓜。内有隔，子在隔中，状如栝蒌子，黑色而扁。其花苞及嫩叶卷须，皆可食也。"

日本明治时代著名俳人正冈子规的忌日，人们称为"丝瓜忌"，他临终前一天，曾写出与丝瓜有关的绝唱：

浓痰壅塞命如丝，正值丝瓜初开时。

清凉纵如丝瓜汁，难疗喉头一斗痰。

前日丝瓜正鲜嫩，忘取清液疗病身。

二十世纪八十年代，我住在大杂院，一排平房有七户人家，孙师傅家在中间。院子是大通道，伙房在门的对面，我在门旁和伙房的墙上，各敲一排钉子，拉上铁丝。一根根丝瓜蔓子爬行其上，转眼便满墙黄花、绿叶和垂吊的丝瓜。

我老家东北过去不种丝瓜，对于这种蔬菜陌生，来山东以后认识。多年前带回去一包种子，大姐种在乡下的园子中。长出丝瓜，顶着小黄花招人喜欢。摘下来吃，只是清洗干净，没有刮去外皮。做出的菜，吃起来难吃。我一听做法觉得可笑，告诉她不打皮，当然不好吃了。

食用丝瓜应去皮，有各种吃法，丝瓜洗净，切片水焯后，拌以香油、酱油和醋，可做成凉拌丝瓜。鸡蛋炒丝瓜是平常菜，冬天的时候，还是"海米丝瓜豆腐汤"，吃起来暖人。

最后的石榴

滴水声跑进斗室中，钻进耳中，我感受冰冷的锥刺。睁着眼睛，捕捉单纯的声音。白天独自在住处，北碚无相识人，只有读书度过客居的日子。读明代张大复的《梅花草堂笔谈》，书中有关于石榴的记载："渥丹俗名石榴，红色似安南，且相先后，政当照眼前锋耳。先君植之砌下，种犹不绝。今岁一茎数花，特肥艳！着雨脂透炬焰筋燃，掘置几案间，可取醉五日。石倩曰：金谷园中甲乙者多，把玩者少，不乃非其幸乎。"

今天星期天，整个 B 楼十八层大楼里的人，大多享受晚起的福利。窗外下雨，斗室中阴冷。免得寒气偷袭进来，布窗帘遮得严实，看不到外面情景，云华路上的公交车，一路奔走的轰鸣声，扯碎清晨的静谧。偶尔有摩托车的叫吼声，闯入阴雨声中。这时候不是摩托党玩追逐的游戏，早起进城务工的人们，开始新一天忙碌。

黄河岸边的家供暖，迎接严寒的日子。往日站在窗前，望着对面一楼的院子里，种着一棵石榴树，叶子落光，枝头总留着几个未摘的石榴，许是树高够不着，抑或为了冬天观赏。天气越来越冷，树上的果子冻得干瘪，不知哪天夜里掉下来，剩下光秃秃的枝丫。

走出小区，寄北酒店大玻璃门关闭，大堂的灯火通亮，看不到一个人。店名取自晚唐诗人李商隐《夜雨寄北》："君问归期未有期，巴山夜雨涨秋池。"此诗表达我客居的心情。躲在伞下，情感不顾阴雨的日子，带着慌乱的心情，飞往北方家中。雨打伞面上，发出清脆的声音。整个城市如同水墨画，缙云山被雨雾隐没。

冬雨中，一个人在异乡，读张大复《梅花草堂笔谈》，他说石榴，勾起思家的心情。在家时，喜欢站在窗前，望着楼前树上最后的石榴，不希望它们落地。每天清晨拉开窗帘，只要看到它们，一天的心情就非常好。每个果实都是生命，有自己的个性和生命状态。

二○○七年春节，我扣子线松了，母亲拿出线板缝缀，讲述线板来历。线板是母亲结婚时奶奶送给她的礼物，蕴意深刻，传递朴素的情感，从此伴随母亲。民间把石榴作为吉祥物，多子多福的象征。古人称石榴"千房同膜，千子如一"。婚嫁之时，新房放一个切开果皮、露出浆果的石榴。石榴的果实，酸甜可口多汁，营养价值高。很多人家庭院种石榴树，一枝枝红石榴花，象征红火的日子。线板是一块木板，一头旋刻出石榴形状，另一端是苹果。线板中间两处凹槽，分别缠白线和黑线。

石榴是吉祥祝福的象征，老人希望带给家庭福气。线板的中间两处凹槽，线板穿行四十多年，身上留有疤痕似的针眼。

每天我和石榴交流情感，后来我去北碚，与这几个石榴告别。春节回来，枝头空荡荡的，不知哪一天消失的。

盐碱地的黄须菜

今天大雪，《月令七十二候集解》记曰："大雪，十一月节。大者，盛也。至此而雪盛矣。"指从此以后的天气，一天天更冷，降雪的可能性增多。

清晨，雨继续下，南方无采暖设备，屋子里阴冷，人身上没有热气。打开电热毯，盖上被子，躲在里面读书。从滨州带来《滨州市生物志》，翻到黄须菜的条目，抄录一段："亦称：翅碱蓬，一年生草本。绿色，晚秋变红紫色。茎直立，有红紫条纹，枝细弱，开展。单叶互生，线形。花簇生，胞果球形，成熟时皮裂。花期八至九月，果期九至十月。生潮湿地，与柽柳、芦苇、灰绿碱蓬混生。是盐碱土指示性坐标。"

我老家东北不长黄须菜，那里是黑土地。一九八三年，我随父母来山东滨州，这里是鲁北平原，盐碱地较多。

大量的碱性元素，结成白色晶体，铺在大地表面。土壤环境恶劣，植物难以生存，多生长黄须菜。这种菜的生命力强，盐碱地似乎是它的最爱。清明过后，黄须菜破土而出。

刚来滨州不认识黄须菜，邻居送来一些，传授做法。做法简单，黄须菜洗净，拌入地瓜面，混杂均匀，放帘子上蒸熟。或处理好的黄须菜，沸水焯一下，凉水浸泡，捞出撒盐拌匀即可。

每年春天，妻子和邻居相约挖黄须菜。滨州北部的盐碱地，长出许多黄须菜。过去的苦菜成为绿色食品，是人们喜爱的菜。吃法不似原来单一，剁碎的黄须菜，猪肉入作料，制作成饺子馅，包水饺，或做煎包吃。

二十世纪八十年代，我住在大杂院，夏日晚饭后，邻居凑在一起，摆上小桌，泡壶茶，摇着大芭蕉扇，天南地北地闲拉。有一个邻居姓孙，从农村出来的，他说起小时候的事情。黄须菜分季节，每逢春夏之际，黄须菜家中常吃。孩子们从大地上采黄须菜，一部分晒干，鲜的洗净下沸水锅焯，和地瓜干面搅匀。大铁锅中放点大油，入面糊裹的黄须菜，烙至两面金黄，便成了味道可口的菜饼子。中秋以后，盐碱地上的黄须菜变成紫红，这个季节，采回黄须菜，打下菜籽晒干，石磨碾成粉。磨成的面粉，掺地瓜面或玉米面，蒸窝窝头吃。粮食收成不好的年份，可以用菜籽粉应急。

当时黄须菜既可补充粮食不足，其所含营养丰富，还具有药用价值。《本草纲目拾遗》中记载："黄须菜咸凉无毒，有清热、消积作用。"

现如今，黄须菜的吃法和从前不一样，放弃地瓜干粉，选用黄豆、绿豆、玉米和糯米，蒸熟后，蘸着香油、陈醋和蒜泥吃。凉拌黄须菜，有了各种的调料，"鼓励"它释放自己的美味，吃起来，清嫩爽口，自然与众不同。

大雪节气，望不到雪花，等来一场冬雨。在住处读《滨州市生物志》，黄须菜引起对过去生活的怀念。

喝茶的感觉

古人饮茶是重要的事情，不是为了解渴。古人提出六境，注重环境和饮者的修养，情感倾注"品"字，深藏博大精神。

父亲一辈子喝茶，茶叶到他手上，捏一撮放鼻下，立刻知道陈茶，还是新茶。长期喝茶，父亲触觉、嗅觉和味觉，对茶有特殊感觉，变得敏锐，喝一口以后，便可品尝出茶汤的滋味。泡一杯茶，茶香在空中飘荡。

周作人说过："喝茶当于瓦屋纸窗之下，清泉绿茶，用素雅的陶瓷茶具，同二三人共饮，得半日之闲，可抵十年的尘梦。"周作人说茶喝好，可顶十年"尘梦"，这是一种境界，不是每个人都能理解的。我喝二十多年茶，到了五十多岁才入门。"尘梦"做了不少，抵不上一杯清茶。《神农食经》记载："茶茗久服，令人有力，悦志。"茶喝好以后，一天人的精神充足，茶能去体内杂物，让人处于清虚和睦状态。我喜欢绿茶单纯，"洗胸之积滞、致清和之清气"。

朋友知道我眼睛手术后，送一盒素有"江北第一名茶"之称的崂山绿茶，让静心休养。崂山茶历史悠久，相传由崂山道士从江南移植，为崂山道观养生品。崂山茶有记载的历史，可追溯至千年前。据传说崂山诸多山峰中，天茶顶那棵"天茶"，充满神秘色彩。

几百年来，春天泛绿，夏季葱茏，深秋凋落，从来没有人敢攀登采摘，所以称为"天茶"。于是引起不少有趣的传说。

相传，在天茶顶上住着一个老道士、一个小道士。一天，老道士派小道士下山采买日常用品。小道士办完事后一看天色还早，便去集市上转转。忽闻一股诱人的香味，一看是刚出锅的牛肉。小道士一时犯馋，便忍不住买了几斤。回山的路上翻山越岭走饿了，再加上也怕师父发现受罚，就把牛肉拿出来狼吞虎咽地吃了。晚上睡觉的时候，小道士就觉得腹胀难耐，呻吟不止。老道士进来问明缘由走出屋，不一会儿，便端来一碗绿莹莹透着奇香的汤水。小道士喝后感觉肚里一阵咕噜噜地响，腹胀感觉竟神奇地消失。小道士翻身下床跪谢师父，并问刚才喝的什么。老道士笑呵呵道："此乃天茶也。"自此，天茶顶上有神茶的传说也流传了下来。

回到滨州的家后，我按照父母的教导，买回一套双层茶具，花纹与茶壶形状，和父母使用的差不多。

茶具顶层的盘底有六个眼，中间一个，其余环绕五个，溢出的茶汤顺着漏眼，流入下面的盆中。我每次都要精心擦洗，擦洗过程中，心沉静下来。崂山茶给人太多想象，叶子于沸水中滚动，舒展开。它将山野清香，随茶汤送入口中，口中便漾满山野芬芳。

第二辑

感味

花花饼子

○五月一日

滨州

苞谷粑粑

○一月二十二日

昆明

饵块摊来炭火红

○一月二十三日

昆明

燕窝酥

○一月二十五日

昆明

活下来的记忆

惊蛰，二十四节气中的第三个节气，气温从此之后慢慢回暖，春雷乍动，雨水渐渐增多，万物勃发，生机盎然。

惊蛰已走到了我们面前，也是仲春时节的开始。古时候惊蛰，叫启蛰。汉朝时为了避汉景帝刘启的名讳，改为惊蛰。唐朝时曾有短暂的恢复，但终以惊蛰的名字沿用至今。

春天让人心情愉悦，给人向上的感觉。早餐是一个煎鸡蛋、云南潘祥记鲜花饼。这是最后的两块，从昆明回来一个多月，一直没有舍得吃，摆在茶几上，吃完鲜花饼，昆明凝滞在记忆中。鲜花饼是以特有的食用玫瑰花入料，具有云南特色的点心代表。

鲜花饼早在三百多年前，由手艺高的制饼师傅研发，甜而不腻，所以广为流传。花期有限，也是当时鲜花饼珍贵的主要因素之一。

二〇一八年，我在北碚时，有一天，高淳海从外面回来，带来他同学从昆明寄的桂美轩云腿月饼和鲜花饼。北碚的雨似乎没有尽头，细碎的雨，引起说不清的伤感。我来北碚几个月了，南方这种阴湿的天气，还是适应不了。吃东西可调节人的心情。坐在窗前向外望去。我拿来高淳海同学快递的糕点，桂美轩留在记忆中。

桂美轩，创建于一九三六年，是一家中华老字号。创始人任明卿先祖原姓桂，系清朝中期桂系皇族。任明卿选址于玉带河畔复兴村，这是昆明老居民区之一，南起金碧路，紧临玉带河。因清末村子衰败，老百姓无以为生，没有办法生活下去，辛亥革命后逐渐恢复元气，以复兴之意得名。玉带河是唐朝南诏时凿挖，为东城西南的护城河。水碧绿澄澈，水荇牵风，翠带绕城，所以得名。

玉带河是盘龙江支流，由双龙桥流经新桥村、马蹄桥、土桥、柿花桥、鸡鸣桥、西坝河、永昌河，全程两公里，最后入滇池。过去是土筑的堤岸，明清时改为石砌河堤。

在这个有着人文地理优势的地方，任明卿亮起"桂美轩"字号。他的经营理念是"诚信为本，让利于民"。不过几年的时间，昆明"四河六坝，八街十六巷"桂美轩的品牌，就在昆明站稳市场，而且名声大扬。百姓间流传，"桂美轩最实惠，点心好吃价不贵，一两二的饼子只当一两卖。"高淳海同学快递来的"桂美轩"云腿月饼，制作精细，工艺考究，色、香、味俱佳，它是"桂美轩"主打产品。

云腿月饼有一个历史传说，明末清初，退踞昆明南明小朝廷的永历皇帝朱由榔，每天过得不如意而苦闷，茶饭不思。御膳厨师想出一个办法，选用云南的火腿精肉，切成碎丁掺入蜂蜜、精糖做馅，蒸制而成点心，称为"云腿包子"，味醇浓香，甜咸恰好。永历皇帝朱由榔吃了心情愉快，大为赞赏。从此之后，列为御膳厨中的点心。后来"云腿包子"的做法传入民间，逐渐由蒸制改为烘烤，由包子形状改为圆饼。

我吃着"桂美轩"云腿月饼和鲜花饼，读着资料记载的历史。法国哲学家亨利·柏格森指出："我们声称如果存在记忆，即存活下来的过往记忆，这些形象肯定会不断地与我们现在的知觉混合，甚至取代我们现在的知觉。因为如果它们存活下来了，那么它们就是有用的。在它们参与完成我们当前体验的每一个时刻，记忆通过已经获得的体验丰富当前的体验。"哲学家"存活下来的过往记忆"，值得品味，这不是简单随意张口而出，是深思熟虑，做出理性的断定。

昆明桂美轩生产的玫瑰鲜花饼最为著名，已有几十年的历史。采摘玫瑰鲜花，去掉花托，分开花瓣，加工处理为馅心。鲜花饼香甜酥软，花香气宜人。

二〇二〇年一月，我们一家人在昆明过年。二十六日，我们查地图导航，准备去桂美轩买云腿月饼和鲜花饼，回山东时送亲友。我住在象眼街，它南接威远街，北通长春路，《云南省昆明市盘龙区地名志》记载："据传清代中期，有缅甸进贡的大象路经此地，跪在街口，约有半个时辰，才起来走开，当时人们认为是大吉大祥的象征，就在象跪的地方用红、白、黑三种石头镶成大象的头形。"街两旁的云南守备府和藩台衙门内，都有刺桐花开出墙外。刺桐花，昆明人叫鹦哥花，过去叫鹦哥花巷，从此改称"象眼街"。明清时是云南府署的象房所在地，蓄养大象的园林和房舍。

从这条街往前走，走过两条街向左拐，不远处是护国桥。我们一家人站在堤边，望着对面的老桥。护国桥广场是下沉式广场，两侧台阶通至广场底部，两个桥孔是人行通道。

一九〇五年，昆明开辟商埠，又于一九一〇年，滇越铁路通车，城南发展的势态迅速，繁荣兴盛，交通不便急于彻底解决。一九一五年，袁世凯复辟帝制。在蔡锷、唐继尧、李烈钧等人领导下，十二月二十五日，通电全国反对袁世凯复辟称帝，宣布云南起义，成立军都督府，编组护国军出师讨伐。在南方各省响应下，迫使袁世凯下台，取得护国运动的胜利。一九一九年一月，为纪念护国运动的功绩，昆明市政当局决定，拆除一段东南城墙，跨护城河修建桥梁，打通绣衣街。修建一座三孔拱形镂花大铁门，称之为护国门，在城门外的护城河上建造双孔石拱桥，命名为护国桥。桥护栏铁铸，分水为矩形，桥孔是弧形线条，具有欧式风格。桥两侧设象头和云朵螭首，各有十二个，取"象呈祥云"之意，桥拱顶有趴蝮滴水，富有传统文化的特色。桥拱顶部，镌刻有"护国桥民国八年孟夏月建造"的碑铭。绣衣街加宽，取名为护国路。

我走进下沉式广场，望着拱壁上留下的印痕，听着桥面跑过的汽车的声音，似乎回到了云南子弟姿容威武，士气雄壮，首义讨袁，同仇敌忾的年代。一九一六年，元旦这一天，由云南都督唐继尧和第一军总司令蔡锷率领，在昆明举行隆重的誓师大会，庄严宣布："袁逆世凯，谋叛民国、复兴帝制，本都督服役于民国，作镇滇疆，痛国家之将沉，恨独夫之不韪。"将士姿容威武，士气雄壮。炮车的轰隆声，士兵的脚步声，骑兵连刀光熠熠，这一切都定格在历史光影中。

二〇二〇年二月二十六日，正月初四，明天我们一家人，将离开昆明，今天去桂美轩，要买一些糕点带走。没有想到去的路上，要经过护国桥。大过年的我们却沉浸在历史中。过桥不远处是桂美轩，店铺不开门，只能隔着玻璃向里面望。没有买到桂美轩糕点，成为一种遗憾。我们在老街买了潘祥记的鲜花饼，一九四一年，这家店是由广东揭阳人潘光明在云南宣威创立。

陶潜有诗曰"仲春遘时雨，始雷发东隅"，天空没有春雷声响起，只有鸟叫声。仲春时节，春意浓起来了。

小区铁栅栏攀爬的蔷薇，枝头结满嫩色绿芽，过不了几天，就会长出一堵密实的植物墙。我拍下此情景，发给朋友，附上一段文字，北方的惊蛰，植物从冬眠中刚醒过来，和南方无法相比较。

146

石蛤蟆水饺

二十几年前，出差去博山。中午时分，我们停下车，同行的单位大姐，建议在路边小饭馆吃水饺，博山的石蛤蟆水饺名气大。路边店装修简单，不大的店，只有四张桌子，木方凳。由于着急赶路，我们只点石蛤蟆水饺。煮好的水饺端上来，服务员是老板，她知道我们从滨州来，热情介绍石蛤蟆水饺。二十世纪三十年代初，由博山人石玉璞所创，他过去经营酒菜，靠小利润起家，以后增添的水饺。石家在水饺上下功夫，皮薄馅量足，调出的馅鲜香可口。石蛤蟆水饺包法也与普通水饺不同，模样酷似金元宝。吃水饺时，原汤化原食，我国的饮食传统中，一直有这种说法。煮水饺的汤，加入酱油、陈醋、胡椒面和青头，受食客欢迎。

二十世纪四十年代初期，石家水饺在当地名气相当大，生意越来越红火，别人家的生意不如他家，引起人们的嫉妒，给石玉璞起"石蛤蟆"外号。说他似蛤蟆，碰巧跳到热鏊子上，高温下，蹦跶不了几天，自然生长，又自然消灭。石玉璞厚道人，听到外面的闲言碎语，不想因为饺子惹一些人不快。他摆上一桌酒席，解释此事，席间拱手恳求邻居们，以后不要再叫这个外号。可反而石蛤蟆水饺的名声变得更大，饭铺生意更加兴旺。

石蛤蟆水饺的来历不止一个，还有一说。博山与莱芜交汇处有博山大集，一家水饺店，每逢赶集的日子，往来商客吃水饺，去吃的人多。他家门口有形似蛤蟆的石磨，细心人好奇，给店老板起个外号石蛤蟆。时间久了，水饺也被叫做了石蛤蟆水饺。

多年后读这个传说，回忆博山路边吃的石蛤蟆水饺。人类学家彭兆荣指出："食物无疑是人类生存的'原始基础'，也是人类文明中的'原始因子'。因此，食物在人类中的交流与交换等原因、愿望、形态和方式等都是其他物质所无法企及的。"他指明食物是人生存的本，离开它人不可能存在。

博山从流传孝妇颜文姜的故事开始，博山城，后称颜神、颜神店和颜神镇。菜肴文化博大精深，各种流派的地方风味。民间有一句话："待要吃好饭，围着博山转。"博山名馆的掌门厨师，个个有师承，所以石蛤蟆水饺出在博山，不是稀奇的事情。

石蛤蟆水饺馅料讲究，加工细致，煮熟后透过饺子皮，可见饺馅。肉肥瘦的比例得当，海米、木耳、香油和韭菜搅拌。水饺入锅后，火候大小掌握得法，煮锅里不破皮，出锅盛盘不粘连。

"舒服不如倒着，好吃不如饺子。"说出人们对饺子的喜爱。前几年，我做田野调查，去牡丹江考察宁古塔，在车站附近的一家酒店，当地文友摆接风宴，请吃沈阳老边饺子。我在菜单中读到介绍老边饺子，始创于一八二九年，是沈阳的名吃。

清道光八年（公元1829年），边福从河北迁居来沈阳，初到此地，人生地不熟，身边没有亲戚和朋友。为了养家糊口，在小津桥附近搭简易的摊床，边做边卖，店号为"边家饺子馆"。店面太小，身上没有绝活，生意一般，勉强维持生活。同治七年（公元1870年），边福的儿子边得贵，接过父亲的挑子，进行"老边饺子技术上的改良。这次成功转变，边德贵把煸馅改为汤煸馅，拌出的馅松散容易嚼，味道更加鲜美，形成自己的特有风味"。

我问服务员，精美的菜单可否送一份，她说这张能带走。读完以后暗想，老边饺子和石蛤蟆水饺和我有缘分，有了情感交流。

百年老店建新园

黎明时雨声流进房间，听起来有些伤感。二〇二〇年二月十四日，西方情人节，年轻人喜欢的日子，却下起雨雪。

坐在窗前泡一杯茶，伴着窗外的雨雪，读《昆明百年美食》。去云南建水文庙，有一家子建书屋，买了几本有关当地的书。书中有一篇讲述建新园大碗米线。

茶香气缭绕，雨雪在窗外飞落。文字凝固的建新园，在时间中散发古朴气息，一碗碗肠旺米线和焖肉米线穿越时空。没有去昆明前，在北方吃过过桥米线，对于它的来历不知晓，也不知道建新园。

二〇二〇年一月九日，我在北京图书订货会现场参加新书分享会，第二天飞往云南旅行。这块土地对于我陌生，过去读过一些文章，了解风土人情。到了昆明，除了感兴趣历史，也喜欢当地的美食。

宝善街长七百米左右，它是昆明市中心繁华的商业街。清代，西段是南门外商业繁荣的街道之一，街中跨护城河上一座石桥，桥上为珠宝玉器交易市场，得名珠市桥，亦称珠市街。清代为南校场，与北校场遥相呼应，同为演兵习武之地。一九一一年，春天时，蔡锷任三十七协统领，在此领兵训练三十七协统新军。百余年前，三十七协统新军从这里点燃护国运动火炬。一九三七年后，南校场形成街道向东发展，得名宝善街。

建新园的炸脆哨，就是我东北老家的油梭子，刚出锅油梭子蘸酱油，入口香脆，嚼时还会流下油。按老程序，后腿肉、五花肉切成条块，漂洗血水，冷水下锅煮肉。煮熟肉出锅，浸入冷水中使肉收缩结实，后腿肉成了做凉白肉的上等材料，不仅好切片，且能保持滋润鲜香。五花肉改刀切成丁，热油加蜂蜜、盐煨足后，下油锅熟炸，肉丁变成金黄色捞出，趁热喷上香醋，烹出脆哨，作为上好的米线帽子。

　　民间说法，元朝由云南行省平章政事赛典赤，把南诏国宫廷小吃米线带进昆明，昆明当时叫中庆。明朝开国皇帝朱元璋派傅友德、蓝玉、沐英率二十五万大军入滇，将省城中庆改名为昆明，促进内地与边疆的饮食文化交流。这个时期风味小吃米线，在昆明流行起来。

　　一九〇五年，科举制度废除，本来指望通过科举考试博取功名的学子们，不得不另想办法。姓把、姓申、姓丁的三位昆明书生，从书卷中走出来，放下架子寻找谋生出路，在昆明宝善街租了临街铺面，三间砖木结构楼房，挂牌建新园煮品店。经营要有品牌，否则难生存下去，他们研究后，把黔味的肠旺面条拿来，加以创新。以筒子骨为主，老鸡、老鸭、老鹅、鲜猪肉熬制成"三禽骨肉汤"。血旺、卤豆腐、卤肠配做"帽子"，在昆明第一家推出"肠旺米线"。由于味道好，店面不大，要想吃只好排队等候。这种现象是好兆头，生意开张不久，就红火起来。

　　建新园米线名声大振，让另外的三位，姓李、姓刘、姓陆的昆明人，发现新的米线商机。他们合伙在建新园旁边租下两间铺面，开了一家"三合春"米线馆，专门卖昆明焖肉米线。他们和建新园不同，有祖传的焖肉手艺，其焖肉香味浓郁。很快生意获得成功，买卖兴旺。

建新园的肠旺米线、三合春的焖肉米线成为两绝，在一栋楼内争相绽放自己的姿彩。每天中午客人多，吃焖肉米线去三合春，吃肠旺米线的上建新园。时间久了，各有各的老客主，这里成为昆明老百姓吃晌午饭的好地方。

此时已经过了饭点，建新园门前的队伍，还有十几位，里面座位满员。

米线馆里没有什么装修，老式木桌木椅，大白瓷碗印着标志和建新园红字。我点的是肠旺米线，高淳海是焖肉米线。我在昆明吃的第一顿饭，也是当地名吃。

吃着肠旺米线，眼前总有一些旧影像出现，它们展现旧日的情景，送来往日的气息。

花花饼子

　　清晨从厨房传来擦萝卜的声音，知道妻子在做咸食。这是山东吃法，一直弄不明白，为什么前面加咸字。

　　咸食做法简单，面粉、鸡蛋调成糊掺入菜蔬，及其他调料，电饼铛刷油，面糊均匀摊在铛底。而咸食就是菜饼子。我们满族有一种花花饼子，做法和咸食相似，只是有些原料不同。花花饼子，用小米面或苞米面等与各种菜合在一起烙制而成。

　　花花饼子是满族美食，可谓粗粮细作，不仅好吃，而且耐饿。满族先民们生活在白山黑水之间，食物中蕴含着民族个性。

　　山东咸食历史久远，民间文化积淀丰厚，明代就有这种食品。

　　我国北方民间流传着"招待姑爷摊咸食"风俗，这并不是一道珍贵的面食，和时代背景有关系。在贫困年代，家家都比较穷，来重要客人才能拿出鸡蛋、白面招待。由此表示丈母娘的热情，姑爷为座上客。清明、农历七月十五、十月一日，祭祀的日子，山东、河北部分地区，有用咸食祭祀的习俗。

　　满族花花饼子、山东咸食、冀中菜饼子，各自所处地域不同，反射出的地域文化不同，各自形成独特的色彩、风格和特征的地域景观。

　　我个人不喜欢山东咸食的叫法，咸字难以理解。满族人长期生活在山水间，满族信奉萨满教，对自然、图腾和祖先崇拜。满族人认为山有山神，树有树神，水有水神。在满族的日常生活中，多能体现对自然的崇拜，菜饼被称为花花饼，有神性的崇拜。

　　花花饼子带有浪漫气息，一听到诗意名字，不用入口中，就有浮想波动。小时候母亲做的花花饼子，至今在记忆中散发香气。

　　妻子每次称咸食，我便纠正为花花饼子。过去在大铁锅中

粗茶淡饭： 梅子金黄杏子肥

烙，现在用电饼铛，一个烧柴火，一个使用电。电饼铛烙的花花饼子，总觉得不同于记忆中的味道，缺点什么，又说不清，可能时间改变一切。

齐东台子大火烧

台子火烧表皮酥脆，里面起层，吃起来香甜。创始人张照吉，给火烧起名为齐东台子大火烧。

台子镇名吃火烧，具有百余年历史。由天津卫大火烧，经过张照吉改良，适合当地人口味，传承至今。

台子镇在邹平县西北部，古齐东原址。齐东县城有六百多年历史，金太宗天会元年（公元 1123 年）有了齐东镇。元宪宗二年（公元 1252 年），改立齐东县，隶属济南路。

齐东古城以北的大清河，曾经是重要的水陆运输码头，连接武定府，直通京津地区，西南为济南府。明朝嘉靖、万历年间有过五位皇室成员，先后被封为齐东王，齐东县域，也曾经被划为飞地，称为齐东国。

二〇一四年三月二十二日，坐朋友车去邹平，美国史学家艾恺来给梁漱溟扫墓。下午两点半，雪花生态园二楼大厅，我们等待艾恺的到来，大约十多分钟出现，他穿一身灰色西装，个子不高。我将《浪漫沈从文》一书送给他。艾恺说："他认识沈从文是八十年代，他去芝加哥演讲。"艾恺高兴地翻阅我的书。艾凯送我他的书，并在上面签名。我随后去了梁漱溟纪念馆，看到他搞乡村文化时背过的水壶和戴过的草帽。

中午我们在一家小面馆，吃台子火烧，一碗鸡蛋汤。陪同我们的当地作者，一边吃，一边讲述台子镇的人文历史。我来滨州三十多年，下面几个县跑遍，吃了不少地方小吃。来邹平多次，第一次吃台子火烧。朋友和同事中有不少老家是邹平的人，都说台子火烧好吃。新出炉的台子火烧，香酥可口，味道与别的火烧不同。我们在享受美食的时候，了解台子镇的历史，这才是吃的真正意义。

一百余年前，繁华的齐东古城，街道两边的商铺密集，商号众多。南来北往的商人，带着自己的货物，在这块土地上交易。大自然无法抗拒，黄河带来丰富的水资源，浇灌两岸土地，养育百姓生存下来。既是福分，也带来不能控制的灾难，"三年倒有两年淹"。城中的建筑物高筑台子上，然而人们想尽一切办法，也阻挡不住泛滥的水灾，于是逃离外迁。古城的繁华，只是历史记忆中的事情。

十三岁的张照吉，上无片瓦，地无一垄，身无分文，为了活下去，独自到天津卫当学徒。做过香皂，也学做过雪花膏。没有任何依靠的少年，在天津生活十多年，学到一身手艺。

张照吉在外漂泊多年，思乡情促使他回到台子镇，二十七岁结婚。有了妻子的帮助，便做起了火烧。凭着学过各种手艺，把天津火烧加以改进，缩小体积，根据当地人口味，做出台子火烧。

俗称十八层的台子火烧，制作过程，有多种工序，经过无数次揉捏，新出炉的台子火烧，外酥里润。烘烤是关键过程，圆筒灶放上平底铁锅，锅内有带网眼的篦子。文友拿着台子火烧，咬一口，大多时间我们在吃，他在说台子火烧的历史。

食物的多样性，折射出文化的复杂性，它与地域生态有密切的联系，地方饮食人类学家称为小传统。食物的文化记忆，不仅供人品味，也是穿越时空的历史。

破酥包子

谈起云南美食，除了过桥米线，印象最深的是破酥包子。很多年前，读汪曾祺的作品，他在昆明生活过七年，称其为第二故乡。

汪曾祺和西南联大的同学不一样，吃遍各条街的小吃，并用文字记录下来。吃过昆明美食并诉诸笔端，影响大的数汪曾祺。

汪曾祺不仅文学作品写得好，对美食也有深刻的研究。他在西南联大上学，除了上课，业余时间寻访美食，使贫困的生活增添不少乐趣。他在《昆明的吃食》中介绍美食，其中就有破酥包子。用文字记下感受："油和的发面做的包子。包子的名称中带一个'破'字，似乎不好听。但也没有办法，因为蒸

得了皮面上是有一些小小裂口。糖馅肉馅皆有，吃是很好吃
的。就是太'油'了。你想想，油和的面，刚揭笼屉，能不
'油'么。"

"破"字含义多层，每个汉字都有秘密，一层层剥开，发
现许多惊奇。文字学家陆锡兴说："吉祥之字，本有神力，如果
有仙人书写，那就神奇非凡，做生意的可以立马致富。"字放在
不同位置，意义不一样。破字放在一场革命中，这个字的意义
重大了。但放在包子前面，就可能有点"不讲究"，给人逆反心
理。任何人的吃讲究品位，求个心理舒坦，尽情快乐。

破酥包子，一个破字"败"下阵，可能会让人产生误解，
误产生破烂的感觉。济南有草包包子，前面的草字占上风。不
知道汪曾祺吃过草包包子没有，要不然，他不会轻易放过，两
种不同地域产生的包子，代表当地民俗文化。

翠湖在昆明市区五华山西麓，元朝以前滇池水位高，这片
地方属于城外的小湖湾，大多是菜园、稻田和莲池，人称为菜
海子。东北面的九股泉汇集成池，又名九龙池。民国初期，这
里改为园，遍植柳树，湖内多种茶花，被冠以翠湖。

162

粗茶淡饭：梅子金黄杏子肥

　　一个食馆在这样优雅环境中，来者心情愉悦。汪曾祺在文字中，没有准确说明时间。我们设想年轻的他一路赏花观柳，呼吸清新的空气，在鸟语声中，迈进少白楼。他一定听过楼主玉溪人赖八的传说。一位老者带着小孙子去买包子，店小二热情地把包子打好包，递给老者。这时老者拿了一个给孙子，可小孙子没有接好，包子掉在地上。包子落地，摔得很难看，皮摔裂开。小孙子大哭起来，一些买包子的人围过来，观看发生了什么事情。哭声引来老板赖八，也觉得惊奇。看着地上的包子，眼前一亮，破字出现在心头，他打出招牌，专卖"破酥包子"。

　　汪曾祺走进少白楼，暗笑这个少字是福气。他夹起破酥包子咬一口，佩服玉溪人赖八，聪明绝顶，是天生的生意人。首先一个破字，便让食客牢记。汪曾祺不是一般吃客，绝非品尝一下过过嘴瘾。他还研究包子的历史掌故。

　　一九八四年五月九日，春暖花开日子，在北京家中，汪曾祺写下回忆文章《翠湖心影》，载入一九四年第八期《滇池》。一九三九年，夏天的时候，他来到昆明考大学，寄住在青莲街的同济中学的宿舍里，几乎每天都要到翠湖。学校发榜还没有开学，他到翠湖图书馆去看书，这是他一生去过次数最多的图书馆。

汪曾祺一九四六年离开昆明，一别翠湖三十八年。他想，现在会成什么样子呢？身在北京，他不时听到昆明传来的各种消息，"我不反对翠湖游人多，甚至可以有游艇，甚至可以设立摊篷卖破酥包子、焖鸡米线、冰激凌、雪糕，但是最好不要搞"蛇展"。我希望还有一个明爽安静的翠湖。我想这也是很多昆明人的希望。"汪曾祺多年后，还想到翠湖边的破酥包子。

一九三〇年，玉溪人赖八来到昆明，在翠湖北门对面开饭馆，起名少白楼。饭馆的位置好，从南门进入翠湖，要过一座桥，少白楼在桥北，三面环水。在少白楼品茶沽酒，欣赏美景，顾客和车马来往，接连不断。

少白楼卖的破酥包子远近闻名，油和糖量足，酥软化渣。面粉发好，碱水恰到好处。发起劲的面揉制，保持一定水分，这叫"烂面"。揉制好的面擀开，抹上猪油，卷起成长条，切成一个个剂子。包皮摊在白案师傅的掌中，加入秘制的馅，捏拢成形。上蒸笼里的包子，均匀摆好，蒸到包子口略微开口，就可以出锅。

少白楼破酥包子的馅，也有自己的风格，分为甜咸馅和咸馅。甜咸馅是火腿丁、白糖，和面粉调配。咸馅则不同，多了鲜肉丁、冬菇和冬笋丁，加入酱油、味精、盐、葱和姜，用高汤熬制。熬一定时候，小粉勾芡。

少白楼破酥包子选料讲究，制作精细，尤其馅与众不同。包子柔软酥松，甜咸恰当，油量足不腻人，在昆明享有很高声誉。

我乘坐南方航空公司的宽体飞机，从北京飞往昆明。在飞机上想的第一件事情，就是吃汪曾祺笔下的破酥包子。二〇一七年，我客居在西南大学杏园，在写汪曾祺的一本书，又一次读他的作品，其中多次谈起破酥包子。那时就想有一天，去昆明吃带破字的包子。

我在酒店安顿下来，就在住处附近遛转，不远处有家不大的小馆子，上面挂的牌子，就是破酥包子四个字。这是夫妻店，想来不是少白楼的掌柜玉溪人赖八的传人，味道不知如何，从来没有吃过。我买了几个装在塑料袋中。在昆明街头吃着破酥包子，它和北方包子不同，有自己的特点。柔软酥松，满口盈香，不咀嚼就有化开的感觉。

今天，少白楼早已消失不见。建筑是一个时代分子，它与个人史紧密相连，形成宏大的历史。老建筑的兴衰是一部跌宕大戏，它是真实的历史，记下时代影像。建筑的秘密，激起寻根究底的兴趣。写作不是临摹叙述，不仅记录下每一块砖、一扇窗子、一条青石，而且要将自己的精神品质融入其中。

老店的建筑不见了，破酥包子保留下来了。现在昆明街头有许多卖破酥包子的馆子，可是少白楼的正宗味道难得一见，当年做包子的人也早已不在。

富贵吉祥的名字

　　早餐简单，一个荷包蛋，两块芙蓉糕。这是从云南带回来最后的点心。食后齿留馨香，特色点心也在回忆中了。

　　我在小区内空地上锻炼。天气晴朗，没有一缕阴云。空地旁有三株楝树。北宋现实主义诗人梅尧臣，宴请同乡文士，望着扑簌落下的紫花，信手拈来，写出一首《楝花》：

　　紫丝晖粉缀斟花，绿罗布叶攒飞霞。

　　莺舌未调香萼醉，柔风细吹铜梗斜。

　　金鞍结束果下马，低枝不碍无阑遮。

　　长陵小市见阿姊，浓薰馥郁升钿车。

　　莫轻贫贱出闾巷，迎入汉宫人自夸。

梅尧臣把楝树喻为汉武帝曾经流落民间的皇姐，颂扬和楝树一样不随便附和别人的风气，而是保持自身修行。只有高洁的人配得上楝树，楝树的果实是凤凰的食物。凤是传说中的神鸟，"翥"意指高飞，它们组合在一起，意谓凤凰高飞。而今天吃的芙蓉糕，竟然与楝树的寓意异曲同工。

凤翥街是昆明城西北角的一条老街，老昆明西城门在这一带。南北长七百余米，龙翔街横贯东西。清初是沿西城根的一条小道，人称关厢。过去这里称为"马屎街"，凡是从滇西来的马帮队都要从此经过，形成以马栈和茶铺为代表的特色街。附近有明朝建的文昌宫，内有凤翥楼，所以得名，沿继至今。

西南联大宿舍在附近，大学生每天泡茶馆，谈天说地。一九九四年二月十五日，汪曾祺写道："我们和凤翥街几家茶馆很熟，不但喝茶，吃芙蓉糕可以欠账，甚至可以向老板借钱去看电影。"鲁迅家乡绍兴的老板，不知为什么来到昆明，在凤翥街来开一家茶馆。他乡音未改，在异地他乡漂泊，对外地来的西南联大学生特别照顾。茶馆里除了卖茶，还卖小点心，"芙蓉

糕、萨其马、月饼、桃酥，都装在一个玻璃匣子里。"汪曾祺来
这里喝茶，肚子里空，又不到吃饭点，便到这里喝茶，吃两块
点心。有钱现付，没有钱赊账，什么时候有钱再结账，反正是
常客。老板为了拉客，来者即是客人，况且都是江南人，远在
异乡互相有个照应。

汪曾祺泡茶馆不是为了找兴趣，他作为作家，有着独特观
察生活的方式。茶馆是公共空间，既是故事发生的地方，又是
信息传播源头。喝茶中的敏锐眼睛，观察不同阶层的人，他们
的悲欢离合，呈现人世间百态。喝茶自然少不了小吃。汪曾祺
对芙蓉糕记忆深刻，在文中有所记录。

汪曾祺有文人的悠闲和安逸兴致，不管环境多么恶劣，世
态多么复杂，对于他，生活要继续。他走进凤翥街的茶馆，茶
香气扑面而来，炉膛火烧得正旺，灶上铜壶正烧得呼呼作响。
他已经是熟客，老板热情招呼一声。一会儿工夫，盖碗茶便已
放到了桌上。他提着一壶滚烫开水，从铜壶嘴中，一条线似
的飞落，浇在茶碗中的茶叶。升起的热气中弥漫香气，沏茶动
作干净利落，没有一颗水滴溅到桌上。人们喝茶聊天，品尝小

吃，谈做买卖。喝茶离不开小吃，玻璃匣子里有卖的芙蓉糕、萨其马、月饼和桃酥。汪曾祺吃过萨其马，它源于清代关外三陵祭品。满族入关后在北京开始流行，成为京式四季糕点之一，是当时重要的小吃。萨其马以其松软香甜、入口即化的优点，赢得人们的喜爱。萨其马和芙蓉糕，它们形状不同，大小不一，味道却有些相似。对于美食家汪曾祺来说，想来有过对比说法。

我在凤翥街一家小店买了芙蓉糕，透过塑料包装袋，看到里面金黄色糕点，回想汪曾祺笔下玻璃柜子里摆放的萨其马和芙蓉糕。用想象描绘当时情景。二十世纪三十年代，一个晴爽的日子，汪曾祺受天气影响，心情特别好，又有空闲时间，自然要去泡茶馆，享受生活快乐。他离开学校，踏着青石板路，走进凤翥街绍兴人开的茶馆。店主南方口音，勾起一缕乡情。他坐在桌前，要了一杯茶，点燃一颗烟，在茶香和烟气缭绕中，观看眼前各色茶客，听他们讲述坊间逸事。

汪曾祺要了萨其马和芙蓉糕，度过一段美好时光。他喜爱芙蓉糕，作品中多处写到。一九八七年，《滇池》六期刊发，汪曾祺的散文《观音寺》。写他二十四岁西南联大毕业后，没有找到合适的工作，就在同学办的中国建设中学做了两年教师，在昆明北郊观音寺一年的生活经历。其中写道："孤儿院的西边有一家小茶馆，卖清茶，葵花子，有时也有两块芙蓉糕。还卖市酒。昆明的白酒分升酒（玫瑰重升）和市酒。市酒是劣质白酒。"

二〇〇九年第三期《收获》，一九八一年一月十四日，刊发汪曾祺纪念自己老师的文章《我的老师沈从文》。文中写北京大学博物馆初立，不少展品是从沈从文老师家搬过去的，"昆明的熟人的案上，几乎都有一两个沈从文送的缅漆圆盒，用来装芙蓉糕、萨其马或邮票、印泥之类杂物，他的那些名贵的瓷器，我近二年去看，已经所剩无几了，就像那些扉页上写着'上官碧'名字的书一样，都到了别人的手里。"这些文字大致可以说明汪曾祺对芙蓉糕的情感。

二十世纪二三十年代，凤翥街是昆明城区往西的重要道路，龙翔街向东与之相交后，面对着大西门，这是进入昆明主城入口处的两条街道，不用浪费笔墨，想必热闹繁华。今天昆明城市里，凤翥街是一条不引人注目的小街道。汪曾祺《凤翥街》里对八十年前的描写，为我们保存了当时老昆明街市各种人物的肖像和来往的热闹景象。在这一段街道行走，如回到过去一般。

民国时期文人罗养儒在《云南掌故》中，说到昆明好吃食，萨其马"尤爽口极，为他省所无"。而萨其马何时传入云南，具体时间尚无准确说法，可能早在清同治、光绪年间，就在昆明市面上有售。

在此之前，昆明就有芙蓉糕，制法和萨其马差不多，面粉做成长条状，油炸，用糖稀凝固。口感上，具有入口即化、不粘牙的特点。

《月令七十二候集解》中道："正月中，天一生水。春始属木，然生木者必水也，故立春后继之雨水。且东风既解冻，则散而为雨矣。"意思是说，雨水节气前后，万物开始萌动，春天就要到了。雨水节后鸿雁来，草木萌动。楝树四周地上落下苦楝子，捡起一颗感受春天的气息。雨水节气，天空没有下雨，春悄然来临。

　　舌尖早已无芙蓉糕的味道，它已化作记忆中的物事。想起彼时在昆明住了一个星期，按着汪曾祺的美食地图，走过不少地方，吃过他写的不少小吃。

苞谷粑粑

二〇二〇年一月二十二日，中午时分，昆明朋友在福照楼请吃饭，酒楼在老街东方书店不远处。朋友知道我在研究美食，最近在北京书展参加《南甜北咸：人间至味是清欢》分享会，特意安排这家的特色滇菜。席间上了苞谷粑粑，在汪曾祺的美食中读过，写一个卖苞谷粑粑的小姑娘，甜甜的声音。福照楼老字号的昆明菜，是当年西南联大的文人之所爱。汪曾祺夸赞"浩然正气"的汽锅鸡："如果全国各种做法的鸡来一次大奖赛，哪一种鸡该拿金牌？我以为应该是昆明的汽锅鸡。"

夹一个苞谷粑粑，苞谷叶相交十字形，中间放上粑粑交替包裹，再用牙签别上。二〇一九年四月十七日，我去龙口七甲镇朱家村看梨花，中午在莱山南麓朱家村的农家乐，吃山野风

174

味午餐。当地包子则是大饺子状，掐成一条褶，如同盘伏的龙。蒸包子不用屉布，每个包子下面铺棒子叶，第一次看到苞米叶子蒸面食。

二〇一八年十二月二十六日，我在沈从文家乡湘西，吃到月亮粑粑，味道不错。这是长沙传统名吃，做法不复杂。糯米粉中加入温水，揉成面团，揪出剂子。糖汁倒入锅中，使糖汁与油混合成糖油，粑粑翻转，两面裹上糖汁，大火收汁。

云南称玉米为苞谷，东北人叫苞米。称呼更多体现地域文化特色。苞谷粑粑是云南美味小吃，制作简单，口味清新。

人们习惯称玉米为苞米，冷不丁听苞谷粑粑，有新奇感，想探寻背后的秘密。方言是文化的活化石。方言作为地方文化，是民族文化有机组成部分，文化越多包容性，越能显示出其魅力，承载着族群在历史过程中积累的大量文化信息。

玉米故乡在墨西哥和秘鲁，大约十六世纪传入我国，李时珍在《本草纲目》里有关于玉米的记载。

同样的东西，名字相似，所处地理位置不一，造成彼此间文化联系受阻，形成不一样的食俗。食物和现象，蕴藏在人们的精神里，又表现在物质生活传统中。朋友讲云南是多民族聚居地，今日我们吃的只是一种粑粑，傣族泼水粑粑。每逢泼水时节，傣族每家用糯米和红糖做粑粑，芭蕉叶包好蒸食，称为泼水粑粑。泼水粑粑能保存一周，变硬后可煎或炸。红糖切细，入清水熬制成糖水，纱布过滤。芭蕉叶洗净切成方片，热水氽软，捞出涂抹猪油。糯米泡透，石磨磨细，盛布袋内挤出水分，加红糖揉透。团成小球，再用芭蕉叶包严，压成长方状，放蒸笼中蒸熟。

席间大家谈兴渐浓，昆明话题少不了西南联大。朋友说不远的东方书店，过去闻一多、李公朴、林徽因、费孝通等民国大师经常造访。

汪曾祺回忆昆明吃食，其中有一段记述苞谷粑粑："玉麦粑粑。卖玉麦粑粑的都是苗族的女孩。玉麦即苞谷。昆明的汉人叫苞谷，而苗人叫玉麦。新玉麦，才成粒，磨碎，用手拍成烧饼大，外裹玉麦的箨片（细细看还有手指的印子），蒸熟，放在漆水盆里卖，上覆杨梅树叶，玉麦粑粑微有咸味，有新玉麦的清香。苗族女孩子吆唤：'玉麦粑粑……'声音娇娇的，很好听。

如果下点小雨，尤有韵致。"汪曾祺记录苞谷粑粑做法，也对苗族女孩子吆唤记忆犹新，不会轻易忘记。

从汪曾祺文字，寻找出当年他在昆明的行踪。这些文字如同化石一样，通过研究，认识过去食物的形态和结构，推测出相关人与事。

汪曾祺在云南住过七年，一九三九年到一九四六年。他大多数时间居住在昆明，最远只到过呈贡，其主要的活动轨迹是市内，尤其是正义路及其旁边的几条横街。当时昆明贯通南北的干线正义路，路北起华山南路，南至金马碧鸡牌坊。他和友人去南屏大戏院看美国电影，许多时间是闲走。

有时汪曾祺和友人去逛书店，开架售书，随意抽出书来看。有的大学生倚在柜台上，一本书看几个小时。

汪曾祺和朱德熙常去东方书店，夜晚门口支起大灯泡，在灯下，许多学生冬衣都典当出去，还是来这里读书。

想象夜晚汪曾祺、朱德熙逛东方书店的情景，"苗族女孩子吆唤：'玉麦粑粑……'声音娇娇的，很好听。"他们拿出不多的钱，买几块苞谷粑粑填饱肚子。

汪曾祺与古文字学家朱德熙，他们相识在西南联大，成为一生的好朋友，后来又在北京工作。朱德熙在西南联大是物理系，喜欢古文字学，而后转学中文系。他钟情昆曲，谙于诗文，身上有士大夫的气质。

抗战时期，西南联大迁至昆明，推动书业蓬勃发展。一九四三年，昆明新开业的书店有二十七家，一九四四年，有二十一家书店营业。当时图书从发行地运到昆明艰难，需要由专人用马驮人背送到读者手中。而光华街作为图书转运站，成了文化知识的扩散点，给市民看书买书带来不少便利。西南联大师生经常光顾。汪曾祺回忆称："我在西南联大时，时常断顿，有时日高不起，拥被坠卧。朱德熙看我到快十一点钟还不露面，便知道我午饭还没有着落，于是挟了一本英文字典，走进来，推推我：'起来起来，去吃饭。'到了文明街，两个人便吃一顿破酥包子或两碗焖鸡米线，还可以喝二两酒。"万般无奈只得典了书本换酒饭了。据现在东方书店老板、文化学者李国豪考证，朱德熙过去当书那家书店，就是东方书店。

从福照楼出来和朋友们告别，开始逛老街，东方书店是必

178

粗茶淡饭：梅子金黄杏子肥

去的地方。老式建筑，从铺面读出历史沧桑，其蕴含丰富信息。单檐垂柱重楼的临街铺面，全店分为上下两层。门头的黑底金字仿古牌匾，由诗人于坚题写。

店里布置独具风格，与一般书店不同。螺旋楼梯衔接，绣着蝴蝶的椅子，翠绿的民国琉璃灯。延续书店传统，以人文社科为主，设有民国图书、云南本土文化、古旧藏书专柜。

墙上挂着一些文化名人照片，其中有东方书店创始人王嗣顺的全家福。年轻的王嗣顺穿着长袍，身旁是妻子和两个孩子，背景是东方书店内。

一九一八年，年轻人王嗣顺离开昆明到北京，去做当年云南保送入清华大学的预科生。入学后，觉得自己年龄偏大，便转入北京大学英语系。当时胡适先生任英语系主任，王嗣顺成为胡适先生的学生。一九一九年，他在北京亲身参与五四运动，深受新思潮影响。一九二五年，王嗣顺回到昆明，执教于昆华女中及基督教青年会补习学校，宣扬新思想。一九二六年，王嗣顺在文明新街选址创办东方书店，出售"三民主义"等进步书籍，也收售古旧图书。

照片不同于影像，它是瞬间凝固的记忆，如一把刀子，裁下一整块时间，而不是流动。这一瞬间并不静止，从画面上人的神情和衣着寻出历史踪迹。镜头下人物的每一时刻，留住人的情感和生命印记。苏珊·桑塔格说："拍照是凝固现实的一种方式。你不能拥有现实，但你可以拥有影像——就像你不能拥有现在，但可以拥有过去。"

一九四五年二月，美国陆军第一七二医院副院长、医学博士克林顿·米莱特中校，作为美国志愿援华航空队（飞虎队）军医来到昆明。他工作之余是摄影爱好者，用当时只限美国市场销售的柯达伊斯曼彩色反转片，拍摄一些照片，记录昆明普通百姓生活。

其中一张照片，是当年东方书店原样。这可能是至今在世间流传的唯一记录当年东方书店的照片。我在两张照片前，从每一个细节寻找过去的踪迹，去考证历史和探究人的情感，而不只是表象。

我走进书店，就喜欢上这里的环境，在云南本土文化专柜，我购买了《云南传统食品大全》《滇菜通论》《带着文化游名城——老昆明记忆》。结账时，女店员问盖章吗？我说当然盖，留作纪念。店不大，却蕴满文化原气，汪曾祺过去经常来淘书。吃着苞谷粑粑，买一本喜欢的书，不论什么情况下都是享受。

女店员在扉页盖上纪念章，压上一小方块纸，防止沾染。这个小细节，看出书店的文化传统，值得赞美。

草芽嫩生生

　　许多地方把当地美食排名成榜，建水也不例外，流传着十八吃的说法。草芽这种野菜，排在第三位。

　　我和高淳海坐高铁，经过一个小时的行程来到建水。对于这座古城不甚了解。蒙自朋友介绍建水，说有中国第二大的文庙，还有杨慎在建水的故居。中午吃得丰盛，在一家哈尼族风情酒店，其中有鸡丝炒草芽。由于草芽生长在水里，具有脆和嫩的特点。草芽采集后养泡水中，烹制时才能取出。草芽色泽乳白，甜脆鲜嫩，是上好的食用菜。草芽切成段，与鸡肉片同炒为鸡片草芽。

　　我在北方没有见过草芽，它属香蒲科植物。其形状、颜色似小象牙，又名象牙菜，云南建水特有。谚语云："云南十八怪，看中珍品象牙菜"。草芽以新生根状茎为食用部分。

草芽生长在水里，主干露于水面，呈翠绿色，芽窜于水底中，种植方法与莲藕相似。草芽四季生长，随时可采食用，夏秋为生长旺季。草芽含有多种维生素，除此之外，草芽根含淀粉，可酿酒。其花粉名蒲黄，入药有活血消瘀功效。

朋友送我《千年建水古城》一书，在蒙自夜晚，读记录古城的文字。建水是一座古城，祖先留下美食，也是丰厚的文化遗产。嘉靖十三年（1534 年），流放至云南的诗人杨慎，为建水城之美所震惊，写下《临安春社行》一诗：

临安二月天气暄，满城靓妆春服妍。

花簇旗亭锦围巷，佛游人嬉车马阗。

少年社火燃灯寺，埒材角妙纷纷至。

公孙舞剑骇张筵，宜僚弄丸惊楚市。

杨柳藏鸦白门晚，梅梁栖燕红楼远。

青山白日感羁游，翠罍青樽讵消遣。

宛落风光似梦中，故园兄弟复西东。

醉歌酩酊月中去，请君莫唱思杯翁。

古城东门外太史巷，明代文学家杨慎在此小巷住过，流传着当年他的许多故事。作家于坚来建水探访古城，他在《建水记》中写道："杨慎诗中写到的那个世界，虽然细节已经改变了许多，但氛围依然可以感受到。'少年社火燃灯寺'，燃灯寺还在，依然在敲着木鱼。寺院门口的那口井依然清冽，杨慎如果在燃灯寺喝过寺僧沏的茶，茶水应当就是这口井里的水。"

二○一五年，于坚带着比利时汉学家麦约翰来到建水，他在寻找何为"诗意地栖居"。于坚说道："我的写作基于现象学式的田野调查。时间就是细节，没有细节我们不知道什么是时间。古物对于我来说不是死物，它在时间中继续着空间之足，持存着记忆，生发着意义。悟读古物是我的写作策略之一。记忆就是语言，古物对我来说就是语言，它藏着时间的一切细节。"在历史中寻找细节，通过细节去寻找在此发生的人与事，这是作家记录的事情。

明嘉靖年间，太史巷历史上出过建水第一个翰林李遇元，为此立过翰林坊。巷子里叶瑞、叶祖尧父子俩的进士功名，曾是建水人的荣耀。

杨慎来到临安，通过开远进士王廷表，与叶瑞结交为好朋友，每次来到建水住在叶氏宗祠，与叶瑞"晨夕相晤，因题共额曰太史"。

巷内福东寺旁是筑城留下的洗马塘，与杨慎新都家乡的桂湖相仿，而名为"小桂湖"。而桂湖荷塘始建于隋唐时期，有上千年栽种荷花的历史，早在两汉时期，新都种莲成风，唐代诗人张说"莲洲文石堤"的诗句，记录桂湖在唐代栽种荷花的情况。

杨慎在此沿湖广植桂树，饯别友人，"君来桂湖上，湖水生清风。清风如君怀，洒然秋期同。"他作诗《桂湖曲》，桂湖由此得名。

小桂湖种满荷，参差的绿荷在湖水中荡漾，风一阵阵吹来，摇动着荷叶，送来缕缕清香。当年杨慎在湖边吟诗作对，似乎回到了新都的桂湖畔，留恋得忘记回去。

小桂湖在东太史巷旁，明代在朝阳楼外取土筑城，成了洼塘，积水成池。监督修城的将军天天到池里洗马，后人称为洗马塘。明嘉靖年间，杨慎被罚戍边云南，曾经两次来过建水福东寺和水林园，与临安进士叶瑞、阿迷、王廷表诗词唱和，朝夕相晤。杨慎见此湖，不禁忆起家乡新都桂湖。"此山水双佳，颇与故居新都桂湖相仿"，赞之为小桂湖。

在建水吃米线，所谓"百里不同风，千里不同俗"。美食反映风俗因地而异，独特社会文化区域内，历代人们共同遵守的行为模式流传下来。盛米线的海碗特大，不是夸张，有汤盆大小。不管男女老少，每个人面前放着白瓷大碗。大碗内舀进滚烫骨汤，放入葱花、切成小段草芽，把烫好米线倒入碗中，撒入芫荽和几叶薄荷，一碗草芽米线，即可开吃。

在建水要吃草芽鸡汤米线，否则等于没有去一样。草芽切段放入米线里，特有的清香和植物韧劲。滚烫的一碗鸡汤，铺满草芽和韭菜，配一份细米线。将米线放入汤中，搅拌均匀，让米线完全浸入鸡汤。

"老建水"店吃草芽米线，因为我不吃鸡肉，无法品尝草芽鸡汤米线，但有一点肯定，草芽是两种米线中的灵魂，离开它将失去特色。

　　在建水当地人喜欢用草芽煮汤，喝一口鲜味无比。民谚曰："草芽嫩生生，氽汤味道甜，与肉同锅炒，味道更加鲜。"可见建水人对草芽的偏爱。家里来客人，做一桌草芽宴，即是表达对客人的欢迎。"草芽当作象牙卖"，不仅说明它的珍味，且道出其在生活中的地位。

　　建水人吃草芽有自己的习惯，从水里捞出后，清洗净，掰成小节。不用刀切，否则刀锈影响口感。掰的过程中，听到草芽清脆断裂声，判断草芽新鲜与否。

　　在建水吃草芽米线，这在别的地方无法享受到的，难怪蒙自朋友说，不吃草芽米线，离开会后悔。坐在老店中，夹起草芽，设想当年大诗人杨慎和友人一起，作诗以后，吃米线，可惜那时没有草芽，只能吃别的配料。如果当时有的话，他可能赋诗作词，留下一段文字。作家于坚来建水，写出一本《建水记》，记录古老的小城。

　　二〇二〇年一月十八日，我在建水吃着草芽米线，回忆历史上的事情。一碗米线吃下去，身上浸出细汗。此时我家乡的北方，冰雪严寒，刮着吹人的西北风，而我在享受温暖阳光。

饵块摊来炭火红

大米蒸熟经过舂打，揉制成长条形，当地称饵块。云南有十八怪，第五怪就是糍粑，被叫做饵块。云南由于独特的地理风貌，特殊的气候状况，多彩的民族风情，奇特的风俗习惯，产生许多不同于其他地方的奇妙现象。

西南联大学生、作家汪曾祺在昆明生活七年，称其为自己的第二故乡。他说四十多年，还是不忘此味，烧饵块的吆唤声刻在记忆中的。"走近了，就看到一个火盆，置于交脚的架子上，盆中炽着木炭，上面是一个横搭于盆口的铁箅子，饵块平放在箅子上，卖烧饵块的用一柄柿油纸扇扇着木炭，炭火更旺了，通红的。"汪曾祺记录当时昆明生活本相。他观察得详细，卖烧饵块的人，扇炭火不用葵扇，而是用形状和葵扇相似的柿油纸扇。铁篦子前面，摆着几个搪瓷缸，装有不同的酱，排放在木板上。烧好的饵块，用竹片从搪瓷缸中舀出芝麻酱、花生酱、甜面酱和辣椒油，涂在饵块上，对折起来。买者一边走，一边吃着这种咸、甜、香、辣的饵块。

西汉礼学家戴圣《礼记·曲礼上》曰："入境而问禁，入国而问俗，入门而问讳。"入境问俗这个成语，提醒我每一次远行，去一个陌生的地方，要做好充足的准备功课，大概了解当地的民俗风情。去昆明前，重读汪曾祺写昆明的作品，特别是有关美食的文章，使我行前有了一张小吃图谱。他讲了米线和烧饵块，尤其烧饵块，二〇一六年七月，我着手准备《八大山人》的写作。研究过这段历史，但没有读过这个传说。

南明皇帝朱由榔，在广东肇庆称帝。朱由榔倚仗大西军余部李定国、孙可望在西南一隅抵抗清朝，因此维持时间较长。永历十五年（1661年），清军攻入云南，朱由榔逃到缅甸曼德勒，被缅王收留。顺治皇帝发令，不把朱由榔送回来，就打进缅甸。无奈之下，缅甸国王的弟弟乘机发动政变，杀死其兄后继位，将朱由榔献给吴三桂。吴三桂绞死朱由榔，明朝彻底灭亡。

永历十二年（1658 年），清军三路大军入攻云南，云贵沦陷。永历十三年（1659 年），朱由榔在李定国的保护下，由昆明撤到永昌，又由永昌退到腾冲。因为后有追兵，一路上狼狈逃命，连饭都吃不上。在腾冲暂时有了喘息之机，向老百姓讨要饭食。老百姓做了一盘炒饵块，由于好几天没有吃饱饭，朱由榔吃得又猛又急，几口便下肚。吃完以后十分感慨，抬头望向天空，长叹一口气。一顿便饭，他说救了大驾。从此，腾冲出了一道名食"大救驾"。

饵块是彝族人的传统吃食，它和别的米制品不一样。一般的米制品难保存，饵块做好后，要放在背阴的屋子里，垫上马尾松。

汪曾祺吃的是官渡饵块，这是昆明最为有名的小吃之一，他也听过大救驾的传说。昆明官渡古镇在昆明东南郊，滇文化的发祥地。官渡古镇历史久远，南诏大理国时期，已经是滇池东北岸的大集镇和多条重要道路会合的地方。官渡原名为窝洞，其意是滇池岸边螺蛳壳堆积山似的渔村。唐朝时期，便是南诏王公游览滇池驻足而观之地。大约在一千一百八十年至一千一百九十年间，驻守"鄯阐"的演习高生世，乘舟至窝洞游玩。他的船绳系于岸边，便把窝洞命名为"官渡"。

官渡出产的稻米，颗粒饱满，晶莹光亮。用本地稻米舂出的饵块，具有香甜滑润的特点。昆明人过春节有吃饵块的习俗，清嘉庆年间，昆明人朱绂写过一首诗：

门换新联户换米，还春饵块备香厨。

华堂草舍春都到，碧绿松毛迎地铺。

地域空间，是自然与人文因素形成的综合体，反射出不同的地域文化。昆明人有传统风俗，春节吃饵块。这习俗在官渡古镇流传已有四百多年，农历年三十儿晚上，全家人围坐在松毛上守岁，吃着饵块，放起辞旧迎新的爆竹。

麦类做出的食品，古时统称为饼，米类制作为饵。云南水稻栽种历史久远，农历岁末，每家都要挑选大米，洗净浸泡后蒸熟，放在碓中舂成为米泥，用蜂蜡抹好，搓为各种形状，长方、椭圆和扁圆，用作馈赠，称为"饵馈"，时间长了老百姓称为饵块。我在书中读过明代文学家杨慎，在云南的三十多年流放生活中，并未因环境恶劣而消极颓废，仍然写出"腊月滇南娱岁宴，家家饵饮雕盘荐"的诗句。当时不明白饵饮，只知道是食物。

饵块吃法很多，最早云南吃饵块，用火烧烤后，蘸着酱或用甜白酒煮着吃，后来吃法花样不断翻新。

我住在象眼街一个小区里，离老街不远。每天早晨起来，一个人散步，顺便买早点吃。我去翠湖路上，有一家"大屯坊"，卖破酥包子和烧饵块。每天早上，上班上学的人开始出门，大多数人买这两样早点，省时还又好吃。烧饵块，两面烤成微焦黄，涂上芝麻酱、腐乳、辣椒酱，加火腿肠、煎蛋、培根和生菜，凭个人口味。

我买了两卷，身边有一对母女，一听口音东北人来旅游的。

她们不认识烧饵块，看着铁篦子上白饼一样的东西。在异地他乡，听到家乡口音倍觉亲切，我告诉她们这叫烧饵块。我让店主在烧好的饵块中夹生菜，咬一口热饵块，似乎听到汪曾祺说的吆唤声。

一九九〇年十一月二十四日，离开昆明四十多年，汪曾祺仍然不忘烧饵块，写下回忆文字。他于一九八六年，再次回到了昆明。城市变化大，"烧饵块的饵块倒还有，但是不是椭圆的，变成了圆的。也不像从前那样厚实，镜子样的薄薄一个圆片，大概是机制的。现在还抹那么多种酱么？还用栎炭火来烧么？"

我在汪曾祺文章中，知道过去烧饵块是椭圆的，现在昆明街头卖的都是圆形。这许是因为时代发生变化，人们审美发生了变化。

燕窝酥

建水燕子洞，被称为"亚洲第一溶洞"。在青石板老街上，两边店铺诸多，卖各种食物，其中有百年历史的地方名点燕窝酥。

从糕点名字推断，它和当地燕子洞有关联。没有此洞，糕点会叫别的名字，不会这么有名气。来到建水不去燕子洞是种遗憾，去之前，一定要吃燕窝酥。

燕子洞内，数百万只大白腰雨燕巢居，燕声和水声在洞内交融，发出共鸣。燕子洞也因大量出产滋补佳品燕窝而得名。燕子洞以"古洞奇观、春燕云集、摩崖石刻、钟乳悬匾、采燕窝绝技"景观著称。每年八月，开始为期一个月采燕窝时节。三至八月期间，数百万只大白腰雨燕出现于水洞中。白腰雨燕是一支迁徙而来的南太平洋群岛的候鸟，四个脚趾朝前生长，便于攀爬岩石壁和悬挂。它们筑巢选择远离地面，在较高的地方栖居。白腰雨燕繁殖期间，采用松毛和唾液筑窝，其窝巢成分中含有丰富的蛋白质，是有名的高级补品。八月时，大部分白腰雨燕远行，离开燕子洞，飞往南太平洋群岛过冬。采燕窝人，这个时候采集崖顶绝壁的燕窝，成为主要的经济来源，也为来年燕子筑巢打扫出空间。

从文庙出来往西五十米，有一家"云糖坊"，买三袋燕窝酥，去燕窝洞前预热情感。坐在滇府第一楼"朝阳楼"的石台阶上，享受冬日阳光。朝阳楼在市中心，本地人称东门，门楼前的广场，成为居民休闲的地方。

燕窝酥材料，以面粉、猪油、白糖为主，面粉和猪油一起揉好，面皮包上酥料，擀成长形。捏为口小底大燕窝状。入油中炸，出锅酥脆，底朝上一个个摆好，撒入白砂糖。当地流传一种说法，清代末年建水县城隍庙附近，住着一个吴姓人，大家称吴老板，开了一个"荣香斋"店铺。他以制作糕点为业，做出的狮子糕和麒麟玉书颇有名气。该县有位进士名叫朱渭卿，在朝廷做过大官，他在镇上模仿《红楼梦》里的大观园，修建一座家族大院。落成那一天，大摆宴席。吴老板也被邀去做客。酒过三巡，朱渭卿便招待客人吃燕窝稀饭，还特地走到吴老板席间问："味道如何？"一桌人忙起身恭维道："善哉！美哉！"朱渭卿说："比起吴老板的名点可就差了。"并提示吴老板可制作像燕窝一样的酥饼。吴老板回家后，反复琢磨试制，终于制成"燕窝酥"。

一九八九年一月十日，一支国际溶洞考察队伍来到建水，为首的是保加利亚科学院自然历史博物馆动物馆长、保加利亚洞穴联合会主席 P. 贝龙教授。经过三天的考察，P. 贝龙用英文为燕子洞题词："燕子洞是亚洲最壮观最大的溶洞之一。燕子洞因有燕子、河流和巨大溶洞，在世界级的溶洞中是突出的。"

清代乾隆十四年（1749年）前后，曾任翰林院编修、贵州道监察御史、奉天府丞的傅为讠止回到家乡，侍候奉养老母，客住在距燕子洞不远的双镜村。傅为讠止随身带着酒肴，时常与前来的文友们，在燕子洞聚会欢饮，作诗唱合。有一次，他与众人在洞中宴饮集会，首先提出建议在泸江河上修栈道，在洞口修建寺观，让来往的人有歇脚之处。众人赞成傅为讧建议，都愿意出钱出力修洞。傅为讧为此写下《修燕子洞引》，文中记述燕子洞开发过程。

乾隆二十一年至二十六年（1756—1761 年），在傅为讧倡议下，地方名人"鸠工庀材，辟巉崖，鞭巨石，上造神殿，前置疎亭，左右建丹房、香厨，而其下则盖以石栏瓴甋"，众筹钱财，动工开发建设。乾隆三十六年（1771 年），设置燕子洞常住，由道士伍永鹤任住持。

乾隆二十三年（1758 年），创建观音会。从此以后，燕子洞变成善男信女求神拜佛的地方，又是百姓游玩好去处，形成独特人文习俗。随着时间流逝，它具有了文化和历史价值。清代中期，观音会逐渐兴盛，形成道教和佛教共存格局。每年六月二十九观音会，临安府属各地香客、商贩赶来，烧香拜佛，求签问卜，在洞口钟乳石间悬挂匾额，使佛事活动达到了高潮。

而今看这方燕窝酥，不仅好看，而且入口即化，味道鲜美。品美食的过程也是一个审美的过程，它已不同于单纯的味觉意义。

　　此时的广场上，有一对祖孙放风筝，这是沙燕儿，眉梢上挑，两眼有神，一对剪刀尾巴，在天空中飞动。我把燕窝酥装入双肩包中，准备去游览燕子洞，感受自然界奇观和历史遗迹。

美好的寓意

　　蒙自为滇越铁路和过桥米线名满天下，很少有人知道其传统年糕，产生于清康熙年间，至今已有三百多年历史。初到一个地方，宜按照其风俗生活。当地友人说年糕必须吃，通过美食感受过去历史。据民间流传，清乾隆年间，蒙自年糕是婚娶喜庆和过节的食品，也作为祭品，是由供奉祖先的蒸糕演变而来的。早年间家中贫穷，多数人家新春佳节才能吃上，所以蒸糕也称年糕。

　　蒙自年糕圆台形，表面油润，入红糖后呈棕红色。蒙自年糕采用传统方法制成，糯米经过水磨、吊浆、滤水，再加红糖或玫瑰糖。过去时，做年糕是蒙自人一件大事，邻居和亲友都来帮忙。有人家把春天储藏的艾草，混入蒸好的米粉团中，于是艾草汁与糯米混在一起，做成青色年糕。外表光滑圆润。切薄片油煎炸，外酥脆，内有黏性。

我奶奶会做黏食，母亲和她学会做满族饭食。逢年过节，母亲便会做年糕，这是满族祭祀用的祭品，满族名字叫飞石黑阿峰。清代沈兆有诗一首："糕名飞石黑阿峰，味腻如脂色若琮。香洁定知神受饷，珍同金菊与芙蓉。"自注说："满洲跳神祭品有飞石黑阿峰者，粘谷米糕也。色黄如玉，味腻如脂，掺假油粉，蘸以蜂蜜颇香渚，跳毕，以此偏馈邻里亲族。又金菊、芙蓉，皆糕名。"

春天来了，小区里安静，树枝开始发绿，用不了多久绿叶满冠。妻子打来电话，又一次叮嘱，年糕放在餐桌上，问中午想怎么做。年糕没有规定做法，只是个人喜好。上午时间过得很快，进行新书写作。十一点钟，我拿起餐桌上的蒙自年糕，看着包装上文字说明："始创于清乾隆年间。"

我国古老风俗，过年吃年糕，它是过年的节日食品，老家东北用黄米蒸制而成。年糕分红、黄、白三色，又称年年糕，它与年高同音，有吉祥如意的美好寓意。

西汉辞赋家、思想家扬雄《方言》，是我国第一部方言词典，在古代语言学史上占有重要地位，书中有"糕"的称谓。古代具有重大影响的饮食著作《食次》，记载年糕"白茧糖"制作方法，"熟炊秫稻米饭，及热于杵臼净者，舂之为米糍，须令极熟，勿令有米粒。"糯米蒸熟，趁热舂成米糍，切成骰子块大小，晾干油炸，蘸糖就能食用。早在辽代，正月初一，京城就有吃年糕的习俗。明清时，年糕成为常年食用的小吃，只是南北风味有差异。

相传，过年吃年糕从苏州流传开。春秋战国时期，苏州是吴国的国都。那时诸侯称霸，战火连年。吴国为防敌国进袭，修筑坚固城墙。

春秋战国时期，楚国人伍子胥投奔吴国，为报父仇，想借兵吴国讨伐楚国。他来到吴国后，帮助吴王阖闾坐稳江山。一个外来人，成为吴国的有功之臣。不久以后，他率领吴兵攻破楚国都城郢，掘楚王墓鞭尸，报冤仇，除怨恨。

吴王派他修阖闾大城，以防外来侵略。大城建好之后，吴王特别高兴，伍子胥却心事重重。伍子胥对身边人说："大王喜而忘忧，不会有好下场。我死后，如国家有难，百姓受饥，在相门城下掘地三尺，可找到充饥的食物。"

夫差继位后，伍子胥真心进言规劝。夫差不听，听信挑拨离间之话，便下诏，令伍子胥自刎身亡。不久以后，越国勾践举兵伐吴，把吴国都城团团围住。这个时候，到了年关，天气极为寒冷，城中的百姓粮食不足，因饥饿而大量死亡。

在紧急关头，人们想起伍子胥的嘱咐，拆城墙，挖开地下，看到墙基是用熟糯米压制的砖石。伍子胥早有预见，建城时把糯米蒸熟压成砖块，作为城墙的基石，广积粮，以备荒粮。从此之后，每到丰收年，人们拿糯米制成城砖一样的年糕，纪念伍子胥。

听友人言，在南湖边一家便利店，买了两袋蒙自年糕。今天当作午饭。我想保持年糕的原味。盘子刷一层花生油，切好年糕入屉蒸。春天窗外阳光丰沛，吃着蒙自年糕，回忆坐在南湖旁的情景。

小零食炒花生

我经常会买炒花生，读书累时，吃几粒缓解疲劳。滨州产花生，但不是主产区。一本旧书，载一九一九年《山东农产物调查表》记载："阳信、利津、沾化、蒲台有种植。有小花生与大花生两种。"蒲台是现在的滨州，原来是蒲台县，据民间传说，秦始皇派遣徐福东渡寻长生不老药，一去不归，"始皇东巡至海，萦蒲系马，筑台望焉。"此台世称"秦台"，因台周遍蒲草又称"蒲台"，故蒲台县而得名。

我居住的小区，大门前是一条马路。路通往郊外，尽头是屋瓦接堞的庄子，大片的麦地，再远处是黄河大堤。马路平时清静，只是到了上下班人多。这里远离市区，买菜去市中的菜市场，后来出现几个卖青菜的，时间久形成规模。

马路边简易的小屋不起眼，红瓦铺顶，墙上刷着白涂料。

店小未挂店牌，白墙红字写着"日用杂品小卖部"。不大的店，随季节卖东西。夏天上西瓜、桃子、葡萄鲜货；中秋节到了，门口摆上各式月饼；冬天最忙碌，柜台上的大簸箩，放着炒花生、热炒瓜子，还有山楂。

路旁立着一块小牌子"蒲台大花生"，炒锅似巨大的瓶子，带轮子推着走动。这是流动的炒车。摊主四十多岁的汉子，矮墩墩的，一脸粗硬的胡髭。他很会做生意，人多他炒瓜子，香味在空气中不散，直往行人的鼻腔中钻。

天黑后，街上溜着寒冷的北风。白炽灯下的小摊上，散步的人们，看到炒车燃烧的炭火，风送来葵花子的香味。我每天路过小摊，经不住诱惑，买了热瓜子和炒花生。附近只有这一家现炒现卖，瓜子、花生炒得火候好，摊主服务热情引来不少回头客。放锅炒前，先簸一下，把瘪壳的瓜子、小石粒和灰尘都簸出去。摊主每天收摊前，都要清扫地上的瓜子皮。

冬天很快过去，几场春雨，城市在阴湿中度过。出门人带上雨具，躲过凉凉的雨滴。随着天气转暖，白昼长，不见流动的炒车，也闻不到炒瓜子香味了。

地瓜窝头

地瓜窝头圆锥状，上小下大中间空，底下有个窝，摆在盘中不忍心动手拿。这是滨州名吃小窝头，一般是玉米面、黄豆面，也有地瓜面蒸制而成的。时代不一样，过去粗粮上不了大席，现在消费者喜爱，可出头露面。

二〇一一年二月二十六日，人们未从年的热闹中走出，不出正月都是年，我还是耐不住年画召唤。惠民县清河镇木版年画，是我国版画艺术罕见的珍品，与天津杨柳青木版年画、潍坊杨家埠木版年画，称为北方三大木版年画。

清河镇位于南北交通要道的黄河北岸，自古为商家重地。当时有渡口、站房、货场、煤场，货船从各处来，聚集在一起，经济和文化都十分活跃。当时该镇有十四条街，十日内有四个集市。有大小客栈四十多家、寺庙八座。

清河镇木版年画有三百年历史，当年艺人王画三挑着担子，从天津蓟县来到了繁荣热闹的清河镇。乾隆五年，黄河夺取现在的河道入海之前，这条河叫做大清河。曾经繁盛的码头，因河而兴，码头养育的市镇，故取名清河镇。此镇依水而兴、扼渡口而荣。南来北往的行旅在此驻足待渡，也将财富与文化汇集在这里。农民艺人王画三，带着杨柳青的画落户于这里，开启了清河镇木版年画的历史。

王圣亮工作室充满节日气氛，墙上挂着画的地瓜窝头，和创作的年画孙武。他回忆小时候，下午放学后，拿个地瓜窝头，挎上提篮，下地给猪拔草去。地瓜窝头尖朝下，窝中放酱，掰一口窝窝头，蘸一下酱。

山东人称红薯为地瓜，其种植历史有两百余年，近百年是农家主要粮食，形成地瓜食品系列。过去煮地瓜，常作冬季主食。地瓜切为丝熬稀粥，或煮熟剥皮，切片后晾半干，封存缸中，使其生白醭。鲜地瓜切条做地瓜糖，不要晾过，入干锅中炒。地瓜碾为粉，可做多种食品。地瓜面饼，擀饼烙制而成。

地瓜面条，和面为团，锅中水烧开，切成条入锅，熟后浇卤食用。去北京吃过小窝头，将小米面、玉米面、栗子面等混合而成，传说这是清代慈禧太后喜爱的宫廷食品。

告别王圣亮家中墙上的地瓜窝头年画，随他指引路途，去看老画街。街南的房子全部消失，由于民国年间黄河改道，现在已变成大堤，长着稀疏的杨树。黄土路十字路口，樊太彦的同盛画店，如今无一点痕迹，一根水泥电线杆竖在那儿，还有一丛风干的棉秸垛。广盛号的位置什么都没有了，我看到过王圣亮保存的他家印制的门神尉迟敬德，黑白线条流畅，一派阳刚之气。根据专家考证，《慈禧出宫》，即清代的清河镇年画，这是迄今挖掘出最早的反映历史事件的清河木版年画，极为珍贵。"店家迎客如接亲，请进画商供财神。"小调民歌中的情景，云一般飘走，脑子一片空白，它是消逝的历史，资料无法恢复其真实原貌。

棉秆脱离大地，结实的棉桃被摘去，在时光中蒸发水分，最后变成灶膛中的烧材。我站在棉秸堆前，怎么也寻不到过去的情感，读资料和面对实地感觉不一样。

　　街北边只有一座孤屋子，保存下来唯一的画店，屋子扭扭歪歪，想来用不了多久就会倒塌。探出的屋厦，显现过去的神气，两扇漆皮脱落的木门，锈痕斑斑的锁头，挡住外来人，多少年听不到脚步踏响。破败情景使人伤心，主人还是在门上一左一右贴着福字，门楣贴"春华秋实"横批。

　　我注视半天，屋梁顶端爬满铁锈的钩子，不知是做什么的。王圣亮指着说是挂年画的，相当于现代挂样品的用具。屋厦下有长横杆，也是挂年画的地方，怕雨淋日晒。他对每一处的小部件都了如指掌，存储太多情感。房子东侧一片残破的泥土屋，断壁，土堆，杂树林，一棵高大的杨树上，筑着很大的鹊巢。

　　老画店的西山墙，斜顶一根粗圆木，墙皮掉落，墙基的砖残破。屋顶上枯干的狗尾草在风中抖动。老画街在身后越来越远，我不时回头，一条斜坡通往河堤上，昔日土路铺上柏油路，堤上路面平整。路旁竖立的路标，蓝底白字写着清河镇，箭头醒目指向北岸。在堤上俯视清河镇全景，屋瓦接叠，一条条村路相通相分，老画街的人烟稀少，能看到风烛残年的画店。

　　王圣亮说，前面就是过去的渡口，交通较为发达，繁华的渡口现在变得冷清。看不到黄河上下游各地来往的货船，也未看到卖年画的商人、做买卖的游客在此停留。目光投出去很远，未有障碍阻拦，黄河水流动，水鸟在天空疾飞。渡口不见了，货场不见了，摆渡船不见了，历史锁在时间深处。第一次来清河镇，王圣亮说到他父亲时痛哭的情景，仍然清晰浮现。

一九七四年，王圣亮被调到镇上，去搞画展，一天一个工，一天管三顿饭。冬天的夜晚，王圣亮在家中画年画，村子里不通电，他点两支蜡烛，一夜费八支蜡烛，画到凌晨四点。父亲陪伴着他，等画好的年画，拿油漆布包好，跑到胡集、马店赶集。一张年画卖到五毛、六毛，后来卖到一块，这些钱贴补家中过日子。白天父亲到清河镇渡口拣煤土，回来后做煤渣子点炉子。半夜的时候，父亲做一顿夜宵，瓜窝头在面上滚一下，放到水中煮，就着咸菜吃。父亲说："福堂，我给你搞上点面。"这是对儿子的格外奖励，是无尽的父爱。年画表现对美好生活的向往，喜庆和谐，大红大绿的民间色彩，送来的是对未来的渴望。

河堤上风大，寒冷钻透羽绒服，王圣亮眼神平静。我们接下来沉默。他躲到一边抽烟，面对黄河扑来的河风，似乎听到快乐小调。

这几年地瓜窝头变成美味，尽管它在记忆中，总是难以受欢迎。而如今已经是绿色、营养的美食，广受大众喜爱。

潍县朝天锅

一七五一年，郑板桥五十九岁。在山东做了九年七品县官，给自己书写横幅"难得糊涂"。并且加注："聪明难，糊涂难，由聪明而入糊涂更难。"这句话世人皆知。他在潍县做官，不仅画竹子，做的另一件事情，恐怕知道的人不多。

乾隆十一年（1746 年），五十四岁的郑板桥，从范县调至潍县。他上任的不是时机，赶上山东闹灾，饥荒大年，人与人相食。

这年腊月，他开仓赈济的同时，经常微服出访了解民情。清寒打透衣裳，走在外面，身体从里向外地冷。行人寥寥，即使有人走过，也是缩着脖子，双手揣入袖口里。郑板桥来到集市上，看到百姓于寒风中无处可避，啃食冷窝头，有的在背阴处吃着煎饼。百姓生活极度困苦。见此情景，他不禁老泪纵横。

郑板桥当即下令，命人支锅煮肉送汤，让热汤为百姓赶走寒冷。锅里讲究实惠，放有整鸡和猪肠、猪肚。百姓围锅坐，掌锅师傅不断舀热汤，加香菜末、酱油。吃自己带的干粮，也备有薄面饼，锅顶无任何遮盖，百姓呼为朝天锅。

《潍城文史资料》一篇文章所述："设于集市，露天支锅，围一秫秸箔，名朝天锅。以锅台为桌，食者围锅而坐，吃饼卷肉（猪下货）、肉丸子、鸡蛋，用木勺喝汤，佐以疙瘩咸菜和葱白。由于就餐时消费者参与性强，加上价位适中，肥而不腻，营养丰富，味美可口，朝天锅自然深受当地市民喜爱。"朝天锅，也叫杂碎锅子，以煮猪下货为主，口条、猪头肉开水涮过，再放进老汤锅里煮。猪下货煮熟切好备用，面饼烙熟放到茅囤子中。葱切小段，咸菜疙瘩切好后，用调料腌制，加以葱末、香菜末、陈醋、胡椒粉和辣椒面。

滨州庄悦新，业余时间写古体诗。我们通过报纸副刊认识，并且成为文友。他夫人在黄河四路中段，开了一家潍坊朝天锅小饭馆，营业不久，请我们品尝朝天锅。头一次听说朝天锅，没有去之前，琢磨半天朝天锅会是什么样子。中午离开单位，跨过门前的马路，往前走出不远，就是庄悦新家的小饭馆。

我看着牌匾，潍坊朝天锅几个"神秘"的字，让人难以猜透。进了饭馆直奔朝天锅，想看它什么模样。朝天锅和东北人吃的火锅差不多，这是特制的餐桌，人们围坐四周，桌中间有半米多深的大锅。锅口与桌面平行，锅底要有燃料，保持锅的温度。圆桌留一处缺口，服务员在此，根据客人的需求，锅内的肉舀出，配以薄饼。

席间来的文友们情绪高涨，谈起文学，说起朝天锅的历史。他从晚清说起，比较有影响力的几家，蔡凤鸣的鸣凤居、胡智廷的朝阳居、胡羲培的双盛号。现在潍坊的朝天锅，经过多年发展，不再是露天集市模式，成为酒店里的高档菜肴。后来吃过多次潍坊朝天锅，都不如在庄悦新的小饭馆吃得开心，味道那么正宗。

单位搬入西区新办公大楼，庄悦新的小饭馆，不知何原因关闭。他做一手好菜，邀请我和文友去家中喝酒，一条鱼做出好几样菜，鱼身上的鳞做鱼冻。回到家中，我去早市买鱼，按照他教的方法，鱼冻未做成，弄得一塌糊涂。

我是按着庄悦新教程法，一步步做鱼，但终以失败结束。我打电话问过，原因何在，他笑着说熟能生巧，再做几次会更好。

初春的日子，读郑板桥家书。乾隆九年，他当时在山江范县任上，在写给弟弟的第四封家书中："天寒冰冻时，穷亲戚朋友到门，先泡一大碗炒米送手中，佐以酱姜一小碟，最是暖老温贫之具。暇日咽碎米饼，煮糊涂粥，双手捧碗，缩颈而啜之，霜晨雪早，得此周身俱暖。嗟乎！"

二〇一九年四月，我乘大巴去龙口参加首届莱山作家笔会，途经莱州时，路边有一家饭馆的匾牌，写着"潍县朝天锅"，用的是县，而不是现代的城市名。可见老潍县朝天锅的名气之大，时间难以改变，它根深蒂固，扎根在人们的心中。

二〇一八年，正月十二，我在重庆的北碚接庄悦新打来的电话，他想请文友们吃过年饭。由于远在他乡，只好感谢好意，说回滨州时再聚。我准备写潍坊朝天锅，多少年前，去他家饭馆的情景记忆犹新。我们在电话中谈起此事，怀念那个时候，虽时光走远，然情越来越真淳，什么都无法与之相比。

沙镇呱嗒

二〇〇六年，我父亲要写大运河系列纪录片，聊城这一
集让我去写。来山东二十多年，尚未有机会去聊城。对于这个
地方，因阿胶很早便知道。因其始产于东阿，故名阿胶。驴皮
熬制。

那一段时间，为上聊城看大运河做功课，寻找有关聊城的
书。我的一位同事冠县人，他每年春节后，从老家回来，都要
带土特产送同事们。我听他说大运河的事情、当地的风土人情，
他叮嘱去聊城一定吃沙镇呱嗒。于是，人未去，心却飞向运河
边，去"品味"想象中的沙镇呱嗒。

同事借我《聊城名人名胜名产》一书，其间和聊城的文友
打电话联系，他爽快地说，来了陪你看古城中央的光岳楼。而

光岳楼南的海源阁，历史上著名的私人藏书楼，清道光二十年进士杨以增所建，总计藏书二十二万。它与江苏常熟县翟绍基的铁琴铜剑楼，浙江吴兴县陆心源的皕宋楼，浙江杭州丁申、丁丙的八千卷楼，并称清代四大藏书楼。参观建于清乾隆八年（1734年），原山西、陕西两省商贾联乡谊、祀神明的山陕会馆，吃沙镇呱嗒。因计划第二天去聊城，夜晚读资料，免得到时什么都不知道。

千百年过去了，享有"漕挽之咽喉、天都之肘腋""江北一都会"美誉的聊城醒来。阳光在水面上跳动，大运河由南向北穿城而过。

一条河是城市成长的史书，记录历史上发生的事情。随手拈开一"页"，前尘往事，挟古旧气息扑面而来。

遥望东昌府，中央一古楼。
洪武七年修，清朝天子游。

流传鲁西的民间歌谣，歌词质朴直白，说出楼的地理位置、

粗茶淡饭：梅子金黄杏子肥

游赏的人物。光岳楼，大运河边的一枚印章，聊城的标志性建筑，凝聚中国传统文化的精髓。"光岳楼由当时的东昌卫守御指挥佥事陈镛出于'严更漏而窥敌望远'的军事需要用修城所剩余的木料修建的，当时，人们称它为'余木楼'。又因此楼有鼓声报时的功能，人们称之为'鼓楼'。"

明成化二十二年（公元 1486 年）知府杨能维修该楼，因地而名，称之为"东昌楼"。明弘九年（公元 1496 年）吏部考功员外郎李赞过东昌，访太守金天锡先生，共登此楼，对该楼赞叹不已："因叹斯楼，天下所无，虽黄鹤、岳阳亦当望拜。及今百年矣，沿寂落无名称，不亦屈乎。"因与天锡评命之曰'光岳楼'"。光岳楼经历过无数次战火洗礼和朝代的变更，仍然保持原貌，虽然没有范仲淹、陆游大文豪激情文字的渲染，却有康熙、乾隆帝王的御笔墨迹。

康熙皇帝三次登临光岳楼，俯在窗前，迎着扑临的河风，望着远处大运河上，船首尾相连，桅杆竖立尤同树林，一片繁荣昌盛的景象，兴奋不已。他的眼睛被大运河水染醉，展纸研磨，欣然题写"神光钟暎"的匾额。乾隆皇帝九次过聊城，六次登楼，先后题诗十二首。

明清两代，聊城成为运河边上的九大商埠之一。聊城地处中原，南北必经之路，发达的水路交通，为商业发展提供便利条件，对南北文化融合，起到了重要作用。

各地的客商涌入聊城，把当地一些特产，经水路运输销往各地，南方客商又把丝绸、茶叶、竹器、食糖，从水上运来售卖。南北物产交流，形成重要的物资集散地。

大运河日夜奔流不停，河水声，船桨声，船夫们的小调声，打破夜的寂静。到了今天，人们谈起大运河，都说当年"商业发达，水陆云集，车樯如织，富商林立，百货山积"。

呱嗒香酥可口，创制于清代，迄今二百多年的历史，沙镇呱嗒最为有名。呱嗒的由来有几种说法，民间流传，呱嗒的形状和艺人快板相似，因而得名。还有说法，呱嗒吃进嘴里，发出呱嗒声，就是日常说的吧唧嘴。另有解读呱嗒制作，擀面杖在案板上擀面，发出呱嗒声。

关于呱嗒，还有一个传说，沙镇杨家呱嗒名气大，杨氏家族从山西老家带来祖传煎肉饼绝活。郑板桥到范县做县官时经过沙镇，便前去东街感受，看响当当的小吃。郑板桥被饼吸引住，以画家的眼光研究，被人不小心撞了一下，手中的生肉饼被压扁。意外的事情发生，饼的形状发生改变。一旁的主人接过来，看半天，心中说不出的滋味，又舍不得扔掉，便将压扁的肉饼煎熟，感觉味道特别。遂按此法又煎了几个，果然味道与众不同。主人意外得此食物，根据郑板桥压生饼发出的声音，取其名为呱嗒。

夜晚读资料，看到这些说法有意思。

大运河是一条生命河，日夜流淌，河水的经脉中似乎沉淀着历史，记录着人们的悲欢离合。船过人离，情感汁液流进大运河中。铁锚抛水声，升帆的号子声，随着时间流走。

大运河给聊城不尽的灵气、厚重的文化积淀。我们游历大运河，读名著中的古聊城，登上光岳楼眺望，走进山陕会馆，听历史的回声。来聊城参观老手艺，品地方小吃，是一种乐趣。我在聊城吃沙镇呱嗒，味道不错。

过去的味道

炕头上，一家子人盘腿而坐，围着木桌子，在吃一顿丰盛的午饭。男主人的面前，放着一杯白酒，他在伸筷子，夹盘中的油梭子。这情景应了一句老话："热炕头上的下酒菜，油梭子，嘎嘎香。"

看到老照片，尤其是热炕头、木方桌和油梭子。三个情感的符号组合在一起，形成人生的记忆。每一个独立的符号，都有厚重的历史，深藏自己的经历。作家西斯·诺特波姆说道："记忆像一条狗，躺在让它怡然自得的地方。"在安静的时候，当我们心中有所思念，向远方眺望，记忆总会意外到来。

东北有一句歇后语："油梭子发白——短炼（练）。"指功夫练得不够。这个歇后语形象。油梭子，每个地方的叫法不同，又叫油滋啦，北京人称其油渣。

小时候，每次母亲做油梭子，我要在一旁摇风匣。切得大小均匀的猪肥膘，也叫板油。大铁锅烧时投放进去，板油和热锅相遇，发出吱吱声响。锅中升起一团油烟。这时的锅中发生变化，板油中渗出油。我在小碟中倒上酱油，等着母亲给一块新出锅的油梭子。热热的油梭子和酱油交融，其味香酥，吃一口，便不会忘记。朴素的油梭子，也是热炕头上大人们下酒的好菜。

东北人住火炕的历史久远，满族先世"环室穿木为床，煴火其下，饮食起居其上"，沿袭到今天。转圈炕，拐弯炕，民间称为万字炕和弯子炕。

早年间，满族姑娘从小要学会手工活，为自己出嫁准备嫁妆。父母也要给女儿准备嫁妆。木制家具是生活中不可缺少的，是重要的嫁妆。民间流传一首《要陪送》：

三月姑娘要嫁妆，两个立柜四个箱。

椅子板凳儿要全，四匣柜，亮油光。

梳妆匣，画月亮，坐凳靠椅要成双。

火盆桌，放炕上，二人对坐饮酒浆。

满族先民生活于长白山区，靠山吃山，树木提供衣食住行的资源，形成独特的风格。天气寒冷，人们大多生活在热炕上，称为满族的"炕上文化"。炕桌有裙板，四条矮腿，横撑相接，不用钉子，全为卯榫。炕桌是炕上的东西，在上面吃饭。有时放茶具和烟筐箩，人们围桌盘腿而坐，喝茶和天南地北的唠嗑。炕桌是早年间满族人嫁娶中的传统家具，也是生活中的重要器物，一生相伴。

我妈妈做的酸菜油梭子包子，至今是喜欢吃的东西。虽然她离开我们已经两年多了，但那种味道留在心里，无法忘记。

前一段大妹从网上买了东北酸菜，送我两袋。按着妈妈做的酸菜油梭子包子，我特意去超市买了一块板油，在小锅中熥油，听着吱吱的油声，觉得还是不如大铁锅情感热烈，缺少一些气氛。

熥好的油梭子，切成碎末，酸菜切碎，把它们搅拌在一起，放入酱油、味精、葱、盐、蚝油，拌成馅。

包好的包子压平以后，放入电饼铛烙。所有的过程，按照母亲留下的手艺，可是烙出来的酸菜油梭子包子，不是过去的味道。咬一口，回想做时是否漏下什么，一直说不清原因。

尤觉菜根香

〇十月三日

北京

苏稽翘脚牛肉

〇十一月四日

乐山

金丝鸭蛋

〇七月二十八日

博兴

量手艺的菜

〇一月十二日

济南

口福要数烧豆腐

　　在建水街头看到铜塑像，方桌围着四个人，三个人坐在长凳上，穿长袍的汉人站在旁边，观看烧豆腐。坐在条凳上的人，其中两位哈尼族汉子，穿对襟上衣和长裤，青布裹头，脚穿圆口布鞋。

　　我在蒙自时，朋友请吃烧豆腐，他讲起石屏酸水点豆腐历史。我夹起烧好的豆腐，比麻将块略大，豆腐经火烤，逐渐膨胀成圆球状。咬破脆皮，热气从蜂窝孔中散出，香味扑鼻。调料有干料和潮料两种，干料为干焙辣椒和盐，潮料为腐乳汁。

　　石屏酸水点豆腐，可上溯至明代万历年间，有四百余年历史。江西泰和人萧廷对任石屏知州，他是位风水先生，认为石屏城是在龟壳上。城东异龙湖，当地百姓称湖为海，为防神龟奔海，必须在城中东西南北中，五个方位上凿五眼井锁住神龟。这五眼井，在城东西南北及城中诸天寺内，其中四门井水，点制石屏豆腐的酸水。

这烧豆腐第一次品尝觉得新鲜。桌边一个碗，主人每看到客人吃一块豆腐，从碗中拣出一粒苞谷放桌上。吃完结账，按苞谷粒计数收款。这个原始方法，是借用苞谷粒作为货币符号记数。

蒙自朋友说，建水是云南三大古城之一，这个地方一定要去，有历史遗留下的许多老东西。建水烧豆腐，不差于石屏酸水点豆腐。

二〇二〇年一月十八日，我们住在临安路的行辰·黍稷客栈，一听店主口音，就知道他不是当地人，高淳海和他交谈，他说自己是四川成都人，在这里经营客栈多年。他们用四川话交流，问建水有什么好玩好吃的地方。他说先去看大板井水，再吃烧豆腐，我们这才知道建水烧豆腐的美味。我们打算晚上先去金临安茶苑，听建水小调表演。

溥博泉，俗称大板井，在县城西门外古城墙脚下，名字源于《中庸》"溥博渊，而时出之"。建水古城有一百二十八口井，水质清亮，大板井最为著名，称其"水洁味甘，供全城之饮"。建水烧豆腐质优味美，不仅要选用优质黄豆、泉水，独特工艺也不可或缺，少一个，都不能出好豆腐。

大板井圈于明代洪武初年，为将军徐伯阳率兵士而筑，民间有"先圈大板井，后建临安城"说法。井口圆形，井栏间主六根石柱，顶端倒座莲花石刻，古朴厚重。由于年深日久，成年累月打水摩擦，井圈已变得光滑。井水清澈透亮，有"滇南第一井"的美誉。

大板井水质优良，地下水含量丰富，而且有着丰厚文化积淀。相传"八仙之一"的全真派祖师吕洞宾，巡回游历到了建水，品味大板井水后，脱口而赞："西门大板井，玉宇琼浆甜。"

大板井边上，有几家豆腐坊，很远便能闻到空气中的豆质味。从敞开的门向里观望，几个妇人坐在凳上，熟练地包裹小块豆腐，摆在板子上。半成品出坊后，就是街上的烧豆腐。

早在清代后期，建水烧豆腐就名声在外，建水的周氏烧豆腐味道尤佳，小扁正方形，称临安小豆腐。县城西门外的大板井，是制作临安豆腐的最好泉水。相传清光绪九年，开始制作的周氏豆腐，不仅选料严格，加工精细，用大而圆的白皮黄豆，做出的豆腐洁白细腻，火烧不变黑。做好的豆腐拿小块纱布包好，压上木板，控尽水分。撤掉纱布，装入筲箕内，豆腐上放适量盐，再盖上簸箕。每隔一日翻动，让豆腐在空气中发酵干燥。

建水古时称步头，又叫巴甸。唐南诏时筑惠历城，汉语翻译为建水。古城历经沧桑，留下许多富有深厚文化的建筑物，古代寺庙、祠庵和楼台亭阁。其中最有名气的是文庙，建于元朝至元二十二年，至今已七百多年历史。经历代五十多次扩建增修，规模仅次于山东曲阜文庙。

从东走到西，由于汉、彝、哈尼、傣等民族混居，建筑形式丰富多样。铺满青石板的古城街道上，碰上烧豆腐的铜塑像，不用问旁边店家，一定卖烧豆腐。尽管离午饭有一段时间，我和高淳海还是坐下来，模仿铜像人样子，坐在长条木凳上，吃大板井做出的烧豆腐。吃着古老的烧豆腐，品味远去历史，享受慢时光，读出古典的恬静之美。

看过《建水州治图》《建水清代城郭图》两幅古图。时间概念是人类认识、归纳、描述自然的结果。它是无私的，也是无情的，一些情景、意识、本色在人们脑海中逐渐淡漠，以至忘记。纸上记载历史的颜料，性能也会随时间流逝发生变化。但古图也绝不会沉默不语，仍义无反顾地反映着人文景观及其变化。

汉唐时期的建水，地处"安南通天竺道"东南段咽喉要地。它是南方丝绸之路东南通道的必经之地，是云南通往安南和南亚次大陆的国际通道。那时交通不发达，往来货物运输主要依靠马帮。古老小城青石板路上，在清脆的铃声中，开始一天的生活。高大的城门，走出一支马队，马蹄声伴随远行人，走上艰苦旅程，面对险恶而随时变化的环境。一九一〇年，滇越铁路没有通车以前，货物长短途运输全靠人背马驮。即便是在两条交通干线开通以后，云南除交通干线以外的其他地区，主要交通工具仍然是马。

我们坐在烧豆腐店前，望着老街上来往的人、奔走的车。店老板拿着长筷，不停翻动豆腐块。我们面前有一碟蘸料，观望着，等待老板将豆腐烤至鼓胀，两面金黄，就可以大饱口福。

沟帮子熏鸡

朋友发来老照片，火车停靠站台。两个挑担子的商贩，一个乘客从车上走下来，买完沟帮子熏鸡，准备重新回到车上。从几个人穿的服饰和使用的器物上看，时间好像二十世纪二三十年代。

照片中人不多，却藏有丰富信息。沟帮子为退海地，早些年没有这个地名。清代末年，人们管屯叫"坑沿"。后来老百姓闹河灯，为庆贺屯中小伙子除掉恶霸"大尖头"，把"坑沿"改为"沟帮子"。意思沟沿一帮子，沿用至今。

一八九九年，沟帮子车站建成，清末京奉铁路上的一站，地处关内外咽喉要道。一九八三年，我随父母迁往山东，车子停靠小站，母亲打开车窗买了沟帮子熏鸡。从此以后，我回老家每次经过此站，必买沟帮子熏鸡，带回去给亲人品尝。

北镇庙，古代祭祀北镇医巫闾山神的山神庙，山门匾上"北镇庙"三个大字，传说为明代宰相严嵩所书。

隋文帝开皇十四年，北镇庙规模不大，所称医巫闾山神祠。隋代时期被封为广宁公，辽金时封为广宁王，元代封为贞德广宁王，到了明朝，封王也不能表达朝廷对闾山的崇拜心情，又加封为医巫闾山之神。历朝历代如有各种大事，朝廷皇帝定来此庙祭拜，即使皇帝不能来，也要派官员去庙告祭，乞求保佑。清代皇帝来北镇庙的次数最多，他们都来北镇庙祭山。乾隆皇帝曾四次来过北镇，三次登医巫闾山。末代皇帝溥仪来北镇庙祭祖先，县令拿出当地特产沟帮子熏鸡敬奉，溥仪品尝后大加赞赏。

一九一五年，沟帮子站发生过"张冯驱段"的事件。袁世凯复辟后，派心腹段芝贵去奉天任督军，掌管军政大权。袁世凯想得太天真了，低估当地的土霸王张作霖、冯德麟，这是他们的天下，岂容别人插手，争夺地盘。两人密谋赶走段芝贵，张作霖表面热情相待，看不出一丝对抗的情绪，好言劝段芝贵离开奉天，私下给他两百万大洋。段芝贵也是聪明人，知道形势于己不利，不如弄点钱，以免权财两空，甚至搭上性命。于是决定离开奉天。谁知火车就要进入山海关时，埋伏在此地的冯德麟，派兵拦住段芝贵，没收两百万大洋，一场空捞。段芝贵被截的车站，就是沟帮子。

段芝贵在沟帮子站遭受羞辱，被洗劫一空，肺都气炸。回到京城后，他在袁世凯面前诉苦，没有说冯德麟一句好话，极力赞美张作霖。这些话起到作用，没过多久，袁世凯授张作霖奉天军政实权，冯德麟被任命为军务帮办，明显给个虚职。张作霖、冯德麟心里明白，但不说破，他们的关系由此破裂，奉天军政开始新局面。

小站沟帮子发生"张冯驱段"的事件，这片土地产生的沟帮子熏鸡，也是生活中的大事情。

尹玉成，沟帮子熏鸡的祖师爷，人称"尹四爷"。一八七〇年，尹玉成生于河北省献县尹各庄。献县历史悠久，有两千多年历史，西汉武帝之兄刘德封国，请来毛苌、贯公一些经学博士，整理先秦儒家典籍，《尚书》《礼记》《诗经》得以流传。刘德去世后，汉武帝追念其生前给人的影响，赐其称号为献，县名由此而来。

童年时期，尹玉成随太祖爷学做各种面食。一八八六年，他去河南道口，在姓张人家的烧鸡店打工学艺，一八八七年，背着行李，仅凭一双脚，一个人闯关东。沿途无亲无故，全靠一身力气，来到了沟帮子杜财主家打工。他为人诚实，做事稳妥，眼勤手快，从不拖泥带水。认识财主家小姐，两人感情融洽，彼此合得来，最后谈婚论嫁，喜结良缘。

东北冬天大雪铺天盖地，天地白茫茫。一天夜晚风雪大作，尹四爷穿得厚实，顶着寒风大雪走在回家途中。路上几乎没有行人，人们都躲在家中热炕上，懒得出门。尹四爷偶遇一位衣衫褴褛的老人带病独自赶路，发现老人无安身处，不觉心生同情，怕他冻死街头，便把他接回家中。经过精心照料，老人身体恢复，临行前，为了报答尹四爷的帮助，说出了自己真实的身份。原来他是一名御厨，因为宫廷熏鸡秘方遭小人迫害，逃出皇宫。老人把多年经验研制的宫廷熏鸡秘方，告诉了尹四爷。

尹玉成依照此法制作熏鸡，制作过程中，创新改良配方。

搭配家制烧酒售卖，"熏鸡烧酒"远近闻名，成为沟帮子名小吃。在沟帮子火车站出摊，熏出的鸡卖给过往旅客。一八八九年，尹四爷在岳父帮助下创立熏鸡坊，取名沟帮子熏鸡。

沟帮子熏鸡十六道工序，配料讲究，做到三个标准："一投盐要准，咸淡适宜。二火候要准，人不离锅。三投料要准，保持鲜香。"沟帮子熏鸡选一年的公鸡，肉嫩味鲜。鸡经过加工，入老汤泡，慢火煮两小时，出锅趁热熏烤，坚持传统白糖熏烤。

二〇一二年五月，我和妻子去哈尔滨看萧红故居，为写传记作准备。车子经过沟帮子小站时，买了两只熏鸡。过去是纸袋包装，现在改为真空包装袋，随时光流逝不经意间发生变化。

只要回东北，路经沟帮子必买熏鸡，不管包装如何变化，它都是美好的记忆，不仅是为了享受味道。

四绝名菜

清代初年，沈阳古城东侧两条横向路东西走向，两条纵向路南北走向，四路相交呈井字形。东西走向两条路，通往大东门和小东门，俗称大东路和小东路。南北走向两条路，就是大什字街和小什字街。

民间说法大什字街小，小什字街大，有一定缘由。最初大小路宽窄不同，什字音同十。盛京古城东少有正南正北的马路，两条街又与大东路、小东路十字交叉，命名为大、小什字街。

宝发园名菜馆，它的招牌菜"四绝"，分别是熘肝尖、熘腰花、熘黄菜和煎丸子。二〇一七年十一月，我去沈阳后，朋友请客在宝发园，品尝张学良喜欢的"四绝"名菜。

一九二七年初春时节，一天早晨，一位穿白西服的年轻人

走进宝发园。从来人的气质，一看便不是普通人，跑堂的不敢
怠慢，急忙过来问道："先生，您吃点什么？"年轻人笑道："请
厨师做熘腰花、熘肝尖、熘黄菜、煎丸子吧。"小饭馆掌勺的大
师傅，也是掌柜的，菜做好端上桌。年轻人逐个品尝，连声说
好。临走时，请大师傅到前堂，告诉他四样菜色、形、味、刀
工和火候不错，堪称"四绝"，说完留下十块大洋，微笑离开。
年轻人走后，人们向大师傅道喜，他不知什么原因。经人解释
才知道，那位年轻人是少帅张学良。从此以后，宝发园"四绝"
名菜不用宣传，便火爆起来，一时名声大振。

朋友刻意安排此处，不是为了热闹，而是为了回味历史。
中午时，要了张学良喜爱的"四绝"，熘腰花、熘肝尖、熘黄
菜、煎丸子。上菜很快，望着颇有年代感的"四绝"菜，不忍
心动筷。木楼梯响起脚步声，抬头望去，似乎看到穿白西装的
张学良，面带笑意地出现。

熘肝尖和熘腰花做得好坏，技术是一方面，食材也要用新
杀的猪。现吃现切，肝必须切成柳叶片，鲜腰切十字花刀。不
挂糊上浆，葱姜爆锅，旺火快炒，出锅前淋入芡汁，保证菜的

鲜嫩。

宣统元年（1909 年），宝发园名菜馆创立，至今有一百多年的历史。当年兵荒马乱，连年闹灾，百姓生活困苦。在这样大环境下，河北省宁河县北塘村有一国姓人家，为了生存，家中的国钧璋和国钧瑞兄弟俩背井离乡，走上闯关东的路。闯关东，其中的关，指山海关，东三省位于山海关以东，故得名。这次大移民中，以山东人和河北人居多，从清初到民国年间，多数是自然灾害和战乱而迫于生计的人们。他们从内地到关东需要克服许多困难，突破各种险阻，最终来到关东大地上谋生。兄弟俩来到盛京城外落下脚，开始寻找谋生手段，后来就在小东门外开了小饭铺，名为宝发园，借聚宝发财之意。

开业时，生意没有预想的那么好，没有得宝发福气，几个月过去勉强保本，维持生存。盛京有八座城门，沿用努尔哈赤为辽阳确定的旧名称，偏北为内治门，也叫小东门。清末民初，发展成为东北地区商业中心。商人从各处而来，会聚在一起，街道两旁大小店铺密集。要想立住脚不是容易事。哥俩儿考察市场，反复琢磨，根据东北人的口味，采用猪肝、猪腰、瘦猪肉和鸡蛋为原料，配以刀工，做出色香味俱全的菜肴。

手艺精湛，食材优质，烹饪出的熘肝尖滑嫩，熘腰花脆嫩，熘黄菜软嫩，煎丸子焦嫩。价格适中，味道与众不同，深受人们欢迎，当时的一些达官贵人也经常光顾宝发园。

中午客人较多，本地人不少，也有外地人奔"四绝"名菜而来。每一道菜各有特点，其中熘肝尖、熘腰花，我在不同酒店吃过这两样，味道不能相比。宝发园"四绝"名菜味道独特，难怪少帅张学良对此称赞。

几年前写《梁实秋传》，佩服这位老北平懂吃。他在外漂泊，北平老家在心目中是神圣的地方。他多少次走进梦中的家园，抛去尘世烦扰，寻到使人心静的地方。

记忆中的老房子，距今有一百多年历史，由他祖父所购置。坐落在东城热闹的地区，走出胡同不远，往北是有名的东四牌楼，胡同西口出去，就是南小街子。东四牌楼为中心点，四条主要大街的交叉口，周围商店数不清，各种牌匾挂于门前，吸引过往行人的目光。

从小受祖父影响，梁实秋对于熘腰花有自己独特的见解。

梁实秋认为北方餐馆不善腰花，大多数不能令人满意，炒过火变得干硬。"炝腰片也不如一般川菜馆或湘菜馆之做得软嫩。炒虾腰本是江浙馆的名菜，能精制细做的已不多见，其他各地餐馆仿制者则更不必论。"他以个人经验，说福州馆子炒腰花过得去，腰块切得大，略划纵横花刀做出的滑嫩而不带血水味。勾出的汁微带甜意。他望着盘中腰花猜想，腰子未过油，而是水余，下锅爆炒勾汁。

　　梁实秋没有来过沈阳，也未吃过宝发园熘腰花。如果他吃过"四绝"名菜，想来不会再发北方熘腰花做不好的牢骚了。

髭肉干饭

黄河一路往左拐，有一家小饭馆，名为髭肉干饭，每次经过都要多看几眼髭字。这个字对于我是个谜，"髭"字，看起来陌生。它笔画众多，让人眼花缭乱，似乎有种不知所措的感觉。

有意思的是，单位不远处，路边也新开了一家小饭馆，髭肉干饭，故意和我"作对"。上班的时候，走出小区大门不远，看到几个醒目的大字，算作打招呼。快到单位时，又是这几个字迎接。我问过几个人，都不认识此字。

有一天中午，我不去单位的餐厅吃，约办公室的同事吃髭肉干饭，想解开心中纠缠已久的谜。本来定好的事情，来了一个文学爱好者，中午非要请吃饭，临时改变决定。于是这个谜依然是谜。不管如何，先预习髭肉干饭的历史。

　　簋是盛放食物的器皿，簋肉，看到它的名称，想到了所包含的意义。

　　元朝时期，微山湖北端的南阳古镇，已经是运河岸边重要的码头。来往的船众多，帆篷、桅杆相连，篷帆遮云。各地的客商、货船，带着货在这里聚集，河面上渔歌迭起，号子声声，好不热闹。经济的流通、文化的交流，使这片土地繁荣起来，形成古运河文化。

　　元朝时期，随着京杭大运河的开通，南方的大米运往北方。南北方的不同文化在这里交融，形成新的文化。明末清初，进入商业化。一些机敏的小商人，肩挑两个筐，一边大米干饭，另一边木炭炉子炖簋肉，走街串巷，不断吆喝，逐步发展为簋肉干饭。

　　簋肉干饭随着时代的发展，内容不断创新，在原有的基础上增加食材，丰富食者的需求。簋内加入用油皮卷制的卷煎、豆腐皮、海带卷、豆腐、面筋包制的肉丸等附配品。取当地优质大米，口感清香，碗中浇汁入簋肉，这种组合称为簋肉干饭。

　　簋肉的特点块大，外形豪爽，入口肥而不腻。面筋丸子，面筋配合肉，给人舒适的口感。总之，各种食材形成特殊的味道，汇在煮氅肉的老汤中。滚烫的汤水，有了新的变化，菜的风格互相影响。

氅肉干饭吃的时候，从两个氅内，取出氅肉和米饭。米饭洁白如玉，氅肉红润，质地柔嫩，汤浓味厚。

妻子回东北，一个人懒得做饭，去黄河一路小饭馆吃氅肉干饭。坐在窗前，等候上菜的时候，看着墙上介绍氅肉干饭的文字。

过去氅肉干饭的商家中，"老咬口"家烹制的最为有名。"老咬口"是外号，真名叫赵克顺，于清光绪五年（1879 年），他在自家院门口搭起简易席棚，经营氅肉和大米干饭。"老咬口"的氅肉，坚守"四不卖"的原则，"不到火候不卖，色泽不够红亮不卖，面筋入味不透不卖，过夜的东西宁肯倒掉也不卖。"他家的氅肉干饭赢得回头客，创出自己的牌子。

我对氅肉干饭有些了解，此食物和济南的坛子肉、满族的坛肉相差不多，同样一种盛食物的器物，各地的方言不同，叫法不一。

吃氅肉干饭，感受传统文化的温暖。

量手艺的菜

大年初一，窗外鞭炮声一阵阵不断。我在家中读书，在沈阳时生彦送我一本《民国好时光》，其中有关于张学良的一文，他爱吃油爆双脆。这是一道闻名遐迩的鲁菜，历下风味的"代表作"。张学良吃的不是鲁菜，是经过改良的川菜，用材和做法与鲁菜相同，只是加入泡椒。

我去过济南多家鲁菜馆，菜谱上见过油爆双脆，我不吃鸡肉，朋友们吃过，感觉味道不错。我只能在文字上享受此菜，考证它的历史。

乾隆年间，创作此菜的大厨，当时灵感一现，将爆猪肚和爆鸡胗食材合二为一，创造出美味。清代文学家袁枚《随园食单》中说道："将猪肚洗净，取极厚处，去上下皮，单用中心，切骰子块，滚油爆炒，加作料起锅，以极脆为佳。此北人法也。"油爆双脆是色彩对比，肚头和鸡胗，红白两色。鲁菜对火候讲究，在这菜上体现得透彻。济南当时有多位名厨擅长烹制油爆双脆，百花村饭庄的刘永庆，燕喜堂饭庄的梁继祥，聚丰德饭庄的程学祥。

油爆双脆创世不久，就远近闻名。此菜原名"爆双片"，吃在嘴里发脆，听见咯吱咯吱的响声，所以干脆改为"油爆双脆"，更准确，更形象。清代中末期，油爆双脆传至北京、东北和江苏各地。

二十世纪三十年代，泰丰楼是名噪京都的八大楼之一，过去许多文人笔下有过记载。民国时期，这里是政府官员、银号掌柜、前门大街八大祥的东家，以及梨园界名伶宴请宾客的地方，创办人为山东海阳孙氏。清末时期，孙氏将泰丰楼卖给老乡福山县的孙永利和朱百平。后来几经易手，孙壁光买下来，委派王继唐、吴中山管理全部的业务，直至关门歇业。

泰丰楼老字号，它与丰泽园、新丰楼并称为"蓬莱三英"。以鲁菜为主，有烩乌鱼蛋、锅烧鸡、葱烧海参特色菜品，当然少不了油爆双脆，鲁菜的当家菜。

作家梁实秋在《爆双脆》中写道：

爆双脆是北方山东馆的名菜。可是此地北方馆没有会做爆双脆的。如果你不知天高地厚，进北方馆就点爆双脆，而该北方馆竟不知地厚天高硬敢应这一道菜，结果一定是端上来一盘黑不溜秋的死眉瞪眼的东西，一看就不起眼，入口也嚼不烂，令人败兴。就是在北平东兴楼或致美斋，爆双脆也是称量手艺的菜，利巴头二把刀是不敢动的。

梁实秋走南闯北，经历大小世面，吃过酸甜苦辣。他认为正宗的油爆双脆，说起来容易，做法极难。火候的掌控苛刻，少一点不熟，过了则不脆，敢做这道菜的人，一定是高手。

闵子骞路上的鲁菜馆，尽管门面不大，但做的鲁菜比较地道，油爆双脆是标志菜。我每次在这里请文友，都点油爆双脆，让客人品尝历下风味的代表菜。菜中的鸡胗，难为我了，只能在一旁观看，听人们对此菜的评价。

王高虎头鸡

前几天，东北老家来朋友，在一家酒店接风洗尘。点几道地方美食，打头菜是王高虎头鸡。

二十世纪八十年代初期，广饶、寿光属于当时的惠民地区，那时滨州尚未地改市，后来行政划为东营。寿光地处鲁中北部沿海平原区，蔬菜批发市场，是全国最大的蔬菜集散中心。

服务员端上王高虎头鸡，我向朋友介绍寿光名吃，东北人知道这个地方。冬天的蔬菜都是通过公路运去，在滨州经常遇到运菜的大货车。朋友充满好奇，察看虎头鸡有何不同，他拿手机拍下，发往微信朋友圈。

二十多年前，单位去青岛办事情，途中经过寿光，司机常年开车在外，熟悉这一带风土人情。他开车在小城穿街过巷，左转右拐，找到了门面不大的小饭馆。店主热情好客，端上茶水，几张木桌子、几把小方凳。司机点了王高虎头鸡，他知道我不吃鸡肉，又要别的菜。

我和老板拉呱，他家的主打菜王高虎头鸡，谈起这道菜，老板兴奋起来。他和父亲学会炒菜的手艺，后来带着妻子来城里租门面房，初始的想法是维持生活。他做的王高虎头鸡味道正，别的菜也不孬，价格合理，每天生意红火。他讲王高虎头鸡做法，食材非常重要，必须寿光稻田镇慈家、伦家慈伦鸡。此鸡又叫寿光大鸡，个头较大，长着红冠子，腿偏高，一双大爪子，身挂黑羽毛。寿光大鸡佐以老姜、茴香、八角等香辛料，配上山药或土豆炖，不能用辣椒和花椒，虎头鸡是温和的菜品。多年摸索的经验，要杀隔年母鸡，当年鸡肉嫩不耐火，味难入透。剁成骰子块，面中滚匀，倒入蛋汁调和，投进沸油锅烹炸，待鸡肉呈琥珀色，出锅晾好。

第一口酒下肚，请朋友品尝王高虎头鸡。他夹一块鸡肉入口，品味半天，说一句好味道。我的口味偏窄，来滨州这么多年，没有吃过王高虎头鸡，听人说好吃。

寿光开发历史悠久，现已发现北辛、大汶口、龙山古文化遗迹多处。史传汉字鼻祖仓颉在此始创象形文字，贾思勰写出《齐民要术》。

清代《寿光县志》中记载："鸡比户皆畜，鸡卵甲他县，皮有红白之殊，雄鸡大者高尺许，长冠巨爪，为一邑特产。"

北魏时期，寿光是贾思勰的俸禄之地，他在此生活过，观察寿光大鸡（王高虎头鸡）培育过程，写入《齐民要术》。他在养鸡第五十九载时曰："春二月，耕作田一亩，秫粥洒之，割白茅覆上，自生白虫，母十雄一，自成，炙食之，良也。"文中所说的炙食，就是公鸡宰杀后，剁成块状，便于入味。鸡块挂糊，油炸满身金黄，状如虎头形状，故名王高虎头鸡。

王高虎头鸡距今有四百多年的历史。厨师王景顺的王高虎头鸡远近闻名，北洋军阀时期，在天津举办四方食艺大赛，他做的这道菜夺魁。《北洋画报》拿出整版，刊登王高虎头鸡的照片，当时影响很大。从此以后，济南府、胶东地区，以及各地菜馆开始仿制此菜。

寿光宴席有著名的九大碗，"一鸡，二鱼，三凉菜，四喜丸子跟上来。"人们取其谐音为"一吉，二余，三良才"。"一鸡"，指先上王高虎头鸡。美食传统延续至今，成为寿光这一带饮食文化的习俗。

苏稽翘脚牛肉

　　翘脚，意为翘起腿脚，一个人跷起脚后，脚部和腿部的血液回流至心肺部，使静脉循环活泼起来。当这种动作与食物联系在一起，"成就"了名吃跷脚牛肉。

　　二〇〇五年十一月四日，我去参加"走进中国诗书城，走进散文故乡眉山散文笔会"。我早几天，绕道乐山看上大学的儿子。我到达时已经中午，半年没有见儿子，让他找家特色馆子。高淳海选择三江边的馆子，品尝当地名吃翘脚牛肉。店面不大，条凳和方桌，店主说乐山话，几乎听不懂。我不吃牛羊肉，有一年，三十儿晚上母亲拌饺子馅，掺了一点牛肉。我吃一口饺子，就感觉不对劲儿，那年三十儿晚没有吃水饺。母亲还偶尔说起过这件事。高淳海讲了翘脚牛肉的传说，动摇我坚持多年的意志。

　　清时川南盐场淘汰的牛都运送到苏稽进行宰杀处理，牛皮牛肉都被卖掉了，唯牛杂被弃，当时峨眉河里漂的全是牛杂。一名叫周天顺的人，见大堆牛杂弃之可惜，支起炉灶便卖起牛杂，味道鲜美，价格低廉。当时苏稽有许多沿着茶马古道卖劳力的挑夫和杂工吃不起肉，低廉又美味的牛杂汤锅的出现，极大满足他们疲劳困顿的身躯和透支的身体，牛杂汤锅成为沿路挑夫和杂工喜欢的肉食。吃牛杂的工人们多着急赶路，端起碗，便翘脚踏于板凳或石阶上或站或坐匆忙就餐，翘脚牛肉便由此得名。

　　我们分开半年多，想说的话特别多。去年高淳海上大学，我送他来时人生地不熟，也有时间关系，在乐山未多玩一些地方。这次来，他说借机会收集素材，将来写作好用。我对四川小镇感兴趣，古色古香，保存了很多过去的东西。

　　高淳海在这儿生活一年多，课余时间，和同学们游玩了许多地方。他说跷脚牛肉，其实在苏稽。苏稽古镇隋朝时形成，原称桂花场。民间有一种说法，它因一位姓苏名稽的隐士居住于此而得名。另有一种说法，与大文豪苏轼有着密切联系，传说"苏东坡到此稽查过"。

峨眉河，古时称铁桥河，又名符汶河。发源于峨眉山前缘的弓背山，穿城而过，小镇傍水而居。苏稽自古物产丰富，人民安乐，为去峨眉山的必经之路。南宋淳熙四年（公元 1177 年），南宋四大家时任四川制置使的军政长官范成大，自成都出发，顺岷江而下，来到地处川南的眉山市，当时是乐山地区。乐山大佛，又名凌云大佛，位于南岷江东岸凌云寺一侧，依靠大渡河、青衣江和岷江三江汇流处。大佛为弥勒佛坐像，通高七十一米，我国最大的一尊摩崖石刻造像。游过凌云大佛后，在当地官员的陪同下，从郡城出发，奔向向往已久的峨眉山。路过苏稽，住了一夜客栈。有诗道：

送客独回我独前，何人开此竹间轩。

滩声悲壮夜蝉咽，并入小窗供不眠。

在峨眉河边，一个旅人守着孤灯，望着墙壁之上投映的自己的影子，诗人失眠了。来往旅人在这休息调整，待吃饱喝足后继续赶路。

高淳海说有一次，与几个同学去峨眉山游玩，在苏稽镇停留，吃当地名吃翘脚牛肉。他们选了一家老店，环境古旧，窗前是流淌的峨眉河。火烧得旺盛，大铁锅中沸腾，正炖一锅汤。桌子板凳都是老物件。这家是老字号，赶场的百姓都在这吃翘脚牛肉。

翘脚牛肉的秘诀在老汤，熬制时间长，滋味浓厚，汤中加多种香料和药材。牛杂切片，长宽均匀，不能过薄，也不会太厚。碗底铺芹菜，牛杂汤舀到土碗里，撒香菜、葱花。如果不能吃辣，那么白味吃。好吃辣的，来一个麻辣干碟。

学着高淳海教的方法，翘脚牛肉总算吃到口中。果然风味独特，少了我怕的膻味，煮好的牛肉香气和辣香相互交融，言语无法表述。

地理学家蓝勇长期做田野考察，走遍巴山蜀水。他在主编

粗茶淡饭： 梅子金黄杏子肥

《巴蜀江湖菜历史调查报告》中指出："从烹饪方法来看，跷脚牛肉实际上是一种药膳性汤锅牛肉，虽然说是牛肉，实际上包括牛杂，再加上用辣椒面、味精、盐、花椒面形成的蘸碟。"苏稽镇跷脚牛肉，是巴蜀牛肉类少有的江湖菜。

九转大肠

济南我父母家不远处，有一家鲁菜馆，门脸不大，菜做的味道不错，成为招待客人的地方。

当初来这里吃饭纯属意外，有一次南方来朋友，作为东道主，宴请远方客人。我小妹夫老济南人，对洪楼一带熟悉，哪个地方有好吃的，一清二楚。我打电话问请客吃什么，他二话不说，来济南吃鲁菜，九转大肠、爆炒腰花、爆鱼芹，他报了几个菜名。说离家不远处，有一家鲁菜馆，房间干净，菜做得地道，可以安排在那里。

我做了准备功课，个人感觉，吃鲁菜不知其背后的文化，便失去了意义。鲁菜馆在闵子骞路上，它是唯一以历史文化名人命名的马路。

闵子骞春秋末期鲁国人，孔子七十二弟子之一，在孔门中以德行与颜渊并称。孔子称赞说："孝哉，闵子骞！人不间于其父母昆弟之言。"闵子骞为人沉稳持重，少言寡语，然而一旦讲话便恰到好处。

一九九一年，我去文化东路山师家属院拜访作家、《当代小说》编辑严民，她送我一本和父亲共同创作的《济南琐话》，其中谈到闵子骞。

我小妹夫说的九转大肠，在鲁菜中较有名气，属本土菜。由南北钟楼寺街向南，再往左转，后宰门街的东端接县西巷的拐角处，坐南朝北，有一座小楼，在这里创制了经典鲁菜九转大肠。

光绪年间，老板杜氏与郤氏多年好友，他们商讨合股，在后宰门兴建九华楼饭庄，当时在后宰门街，它与庆育药店、同元楼饭庄、远兴斋酱园称为四大名店。

九华楼清光绪初年所建，是一幢砖石木结构的二层楼，二层共三间木阁，铺着木地板，南面各有一两层楼，天井中的泉池，店里养活鱼所用。北楼拱形门楼券门上方，镶嵌楷书题写的九华楼石匾，两侧圆形花棂窗。楼壁上，刻着砖雕和石雕，楼梯挂室外。

老板杜氏对九字有感情，九，大写为玖。古代的九，被认为是最大的数字。朱骏声《说文通训定声》说道："古人造字以纪数，起于一，极于九，皆指事也。二三四为积画，余皆变化其体。"老板杜氏所以迷恋于九，做什么都取个九数。他开的店铺，字号离不开九字。

九华楼规模不大，却是藏龙卧虎的地方，厨师不是等闲之辈，个个名师高手，拿手的是烹制猪下货。九转大肠，通过红烧大肠的改造，演变出的新菜已经很出名，做法别具一格。

有一次，老板杜氏宴请朋友，上了本店的当家菜红烧大肠，客人品尝后，赞不绝口。舞文弄墨的客人大发诗兴，提出：美味，必要美名相配。富商杜氏一听，请客人来，也正是这个想法。有位客人几杯酒下肚，情绪酝酿得刚好，为迎合老板对"九"的喜好，赞美厨师的手艺，当即脱口而出九转大肠。在座的客人听后都觉得不错，有人提问，此意出自何典？那位客人说："道家善炼之丹中，有'九转仙丹'的说法，吃这样的美肴，好似服'九转'，美好的程度可与仙丹相比。"客人们听罢击掌，为之叫绝。从这以后，九转大肠流传开来，九华楼的名声越来越响。

南方的客人未到，我一边等一边回味历史中的事情。饮食在日常生活中，再平常不过了，很少有人关注背后的东西。有时一道菜，和一座城市紧密相连。

晚上在鲁菜馆，给南方的朋友接风洗尘，三杯酒过后，本土名菜九转大肠上来。这是席间最隆重的仪式，重要的角色登场，它要用自己鲜明的个性，留住客人的美好记忆。我向友人讲述此菜成名的过程，讲述资料中的故事，晚宴进入高潮。

每家一个味

博山俗语："穷也酥锅，富也酥锅。"理解为做酥锅的原料，没有严格要求，根据自己喜好调配。酥锅，博山的特色小吃，大多数博山人过年每家必备菜。

我家刚来滨州时，不明白当地的风俗，第一次过年，邻居送小盆酥锅。看着盆中各种菜，和东北老家的乱炖相似，分不清哪是主菜，哪是配菜。王虹，我父亲的同事，写小说出身，是有名的故事篓子，了解山东各地风土人情，他讲酥锅成为博山名吃的由来。

酥锅原料都是家常菜。煮酥锅掌控好炉火，拿勺子舀汤水，循环浇于白菜上，保证菜吸收调料的味道。如果放的白菜少了，出现糊锅情况，解决的办法，往里多加水。大火煮沸，转入小火煮。

炖酥锅让我想起乱炖，东北常见的菜，这和地处严寒有关，坐在热炕头上，大锅炖菜端上来，热乎乎地送入口中，身上暖意融融。

东北炖菜不讲究好手艺，蔬菜和肉推进锅里，锅内炖即可。盛菜不用精致器皿，大盆端上来即可。它不似酥锅，文火炖十几个小时，必须有人守着，否则不是火灭，就是汤熬干。清代美食家袁枚《随园食单》中指出："熟物之法，最重火候。有须武火者，煎炒是也；火弱则物疲矣。有须文火者，煨煮是也；火猛则物枯矣。有先用武火而后用文火者，收汤之物是也；性急则皮焦而里不熟矣。"

烹调的技法，最重要的是掌控火候，根据菜的特性，决定火的力度大小，以及时间的长短。酥锅大火烧开，文火慢炖，骨酥肉烂入口即化。传统的酥锅，一定要用砂锅，烧炭的炉子上，文火长时间地炖，做出的酥锅正宗。现在人的家中很少有煤，更多的是天然气，砂锅改为高压锅，不必守夜熬灯。

正月里走亲戚串门，到饭点不用开火，上盘酥锅，盛几个现成的小菜，就端上酒了。一家人不论收入多少，做一锅酥锅才叫过年。博山人说"家家做酥锅，一家一个味"，也就是说，每家不同的口味，做出不同的酥锅。

二〇一六年，我和几个文友去周村看古商业城。周村素有旱码头、天下第一村的美誉。

周村地处鲁中内地，在济南和青州两府之间，是沿海和内地商旅来往的必经之地。周村在明末清初有商业大街，以及各种商品命名的街区，绸市街、丝市街、银子市、油店街、鱼店街、棉花市、油坊街等百余条街市，经营业户数达千余，是山东最大的商品集散地之一。

古商业城的主要街道，又叫大街，周村最古老的一条商业街，始建于明永乐年间（公元 1410 年），明崇祯九年（公元 1636 年），初步奠定大街的雏形。至清朝后期，章丘旧军孟氏"八大祥号"先后来这里营业经商，远近富商巨贾云集，大街成为布行、杂货行经营的商业贸易中心。清光绪三十年（公元 1904 年），周村辟为商埠后，商业贸易进一步扩大，远近的商号都与这里有生意往来，大街商业的发展进入鼎盛时期。民间谚语云："大街不大，日进斗金。"古商业城南，设有山东讨袁护国军司令部旧址，以及魁星阁庙宇、明教寺、千佛阁、汇龙桥。

当地的文友好客，中午请我们在一家酒店吃饭，推介名吃酥锅。酥锅果然不一般，或许受环境影响，未再吃过如此纯正的酥锅。

尤觉菜根香

　　白菜一年四季都能吃到，为百姓之菜。民间认为白菜是吉祥的象征，白菜是"百财"的谐音，象征吉祥富贵。

　　霜降以后，一天天渐冷，清晨去早市多穿衣服。柿子上市，山楂上市，烟台小蜜地瓜也来了，卖最多的是大葱和白菜。我想买一棵白菜，妻子休班，准备包白菜水饺。一辆小货车，在卖胶州白菜，胶州白菜，因汁白，菜味鲜甜，而且纤维少，号称蔬菜王。人们习惯叫胶州白，读过关于胶州白的资料，也写过一篇文章，决定买两棵胶州白。

　　二〇一九年十月三日，在北京早饭后，我和高淳海游圆明园。这天是寒露，古人将此时节作为由凉转为寒冷的表征，从此迈向冬季。逛一上午，走出圆明园，已经下午一点。大门前有家清史书店，名字吸引人，进去买了《天子的食单》《茶事未了》《中国古代衣食住行》，装在店家自制的纸袋中，上面印有"圆明园"图案。拎着袋中的三本书，去畅春园"小吊梨汤"吃胡同菜。

店在深处，如果不问路，根本不会往里走。下午两点多钟，吃饭人不少，我们选择临窗九号桌。迎门墙的中间，挂着"小吊梨汤"黑底金字匾，旁边斜挂两把二胡。里面是传统小方桌，老式靠背椅，满满老北京氛围。高淳海点了"白菜心拆骨肉""传统梨汤壶""缸子炖八带"。

等菜的工夫，高淳海说这里是畅春园，一六八四年，清朝康熙皇帝南巡归来后启建。畅春园建成以后，康熙皇帝喜欢这座园子，为此还专门写有《御制畅春园记》一文，康熙皇帝自言："临御以来，日夕万几，罔自暇逸，久积辛勤，渐以滋疾，偶缘暇时，于兹游憩，酌泉水而甘，顾而赏焉。清风徐引，烦疴乍除。"颐养的胜地，除了要举行重大庆典外，康熙皇帝就经常在畅春园内听政。

高淳海熟悉这段历史，听他讲述中，服务员端上"白菜心拆骨肉"。时间已过饭点，上午只喝两瓶矿泉水，肚子有些饿。我们不等主食上来，拿筷吃起来。

切细的白菜心拌拆骨肉，没有浇陈醋和酱油，菜色干净，吃一口清淡，味不杂。白菜在老北京是大众菜。在我老家东北至今人们不管在外，或在家中，喜欢来一盘"白菜拌豆腐丝"。菜做法简单，无特殊食材，重要的是白菜不能用帮子，要用白菜心，吃起来口感好。

由于气候原因，东北的冬天漫长，几乎看不到绿色菜，秋天每家每户贮存白菜、萝卜和土豆，以备度过寒冷季节。由此白菜细做，发展出多种小菜，"胡萝卜丝拌白菜"，白菜、胡萝卜切细丝，各种调料拌匀，即可食用。"白菜心拆骨肉"保持清淡，显出皇家的清贵。东北"凉拌白菜心"，更代表黑土地的粗犷。酱油爆炒肉丝，浇在细白菜心上，淋上辣椒油，倒入陈醋拌均匀。这时白菜心不能称为白，融入各种味道，染上醋和酱油的颜色。北京和东北两个不同的北，做相同的菜，其结果不一样。北宋文学家苏轼《雨后行菜圃》诗曰：

梦回闻雨声，喜我菜甲长。

平明江路湿，并岸飞两桨。

天公真富有，膏乳泻黄壤。

霜根一蕃滋，风叶渐俯仰。

未任筐筥载，已作杯案想。

艰难生理窄，一味敢专飨。

小摘饭山僧，清安寄真赏。

芥蓝如菌蕈，脆美牙颊响。

白菘类羔豚，冒土出蹯掌。

谁能视火候，小灶当自养。

白菘，就是大白菜。通过平常菜，表现苏轼真实心态，两次遭贬后，他深受佛家的"平常心是道"的影响。

我国是白菜原产地，新石器时期的西安半坡原始村落遗址，发现白菜籽，距今七千年历史。明代药学家李时珍说："菘，凌冬晚凋，四时常见，有松之操，故曰菘。"南宋中兴四大诗人范成大，在其《冬日田园杂兴》中写道：

拔雪挑来塌地菘，味如蜜藕更肥浓。

朱门肉食无风味，只作寻常菜把供。

范成大给白菜高度好评，认为这个季节的白菜，胜似蜂蜜浸渍的莲藕，比蜜藕越发鲜美。

名厨黄敬临，在清宫御膳房创制的精品开水白菜，是四川名菜，相传当年慈禧厌食，吃清淡素菜，大厨用老鸡汤氽烫大白菜心，开水白菜熬几个小时，才能达到清鲜可口的效果，所以这道菜入了御膳单。

一些人贬低川菜"只会麻辣，粗俗土气"，黄敬临为了证明川菜的精美，经过多次尝试，用普通白菜平常食材，创出精品开水白菜。

清代诗人王渔洋《居易录》中说："今京师以安肃白菜为珍品，其肥美香嫩，南方士大夫以为渡江所无。"描写北京大白菜珍贵，这样的好菜江南无法相比。

龙门南溪伊河的支流，在唐代属于子平里，名字与孟诜关系很大。孟诜唐代食疗家，相王李旦的侍读，他交还官职后，在龙门南溪生活，种植各种草药，悬壶济世，治病救人。河南府尹毕构认为孟诜的道德高尚，可与东汉名隐士向长相比，遂将孟诜住过的地区命名为子平里。南溪，从此又称子平河、平泉河。孟诜在这里生活行医，种植大量莙菜。孟诜《食疗本草》记述："莙菜，治消渴，和羊肉甚美。其冬月作菹，煮作羹食之，能消宿食，下气治嗽。"莙菜是好东西，不但味美，还具有食疗功效。一种普通菜，博得历代文人墨客的喜爱。唐宋八大家之一的韩愈，也是白菜迷。韩愈因"日与宦者为敌"，降职洛阳县令。在此期间，他与孟郊、卢仝等人居于洛阳，此时便有"韩孟诗派"的说法。一年冬天，大雪飞扬，地上落满厚雪。孟郊、卢仝顶风冒雪来访，韩愈拿出白菜切丝加汤，如同烩银丝，配上新冬笋，在火上慢炖。众诗友品尝莙笋，煮酒论诗。窗外大雪不停，寒气逼人，挡不住诗人们的诗兴。韩愈借酒兴，题笔写下："晚菘细切肥牛肚，新笋初尝嫩马蹄。"

大画家齐白石将白菜称为"百菜之王"，创作的《清白传世图》，画面淡雅，一棵白菜，三个柿子。淡墨几笔，画出润泽的菜叶。浓墨勾出叶筋，淡墨写菜头和根须，一棵白菜生长在纸上。白菜和柿子和谐相处，构成生动的画面，表达画家清白于世（柿）的人生理想。

　　齐白石爱吃白菜出了名，他说大白菜"越嚼越香"。一位客人带着卤肉去齐白石家拜访，裹卤肉的是白菜叶子。他不舍得扔掉，把白菜叶子弄干净，这些菜叶子切好，拿盐杀上，加点油，高兴地说："中午又是一顿美味。"齐白石对生活抱着平常心，他曾经说过："饱谙尘世味，尤觉菜根香。"

　　早些年北京人习惯冬储大白菜，梁实秋《菜包》中写道："在北平，白菜一年四季无缺，到了冬初便有推小车子的小贩，一车车的白菜沿街叫卖。普通人家都是整车地买，留置过冬。"可见白菜在当时的地位不一般，百姓家中少不了，它平淡的气质让人喜爱。

　　我老家东北有"拆骨肉白菜炖粉条"，主要材料拆骨肉、大白菜、粉条。这是冬季家常炖菜，做起来不费工夫，营养丰富，美味可口。"白菜拌猪头肉"，东北人喜欢吃的小菜，不分季节。白菜心切丝，猪头肉切成粗丝。这些白菜做的小菜，突显平常百姓的喜好。

在畅春园吃"白菜心拆骨肉"，觉得有点意思。清淡中有肉香，不咸不淡，恰好合口味。在北京学会一道菜，决定回家试一次。胶白下来了，正是吃此菜的季节。

汪子岛鳎目鱼

今年去北碚过年，临行前几天，想买礼品送给朋友。琢磨半天，当下物流发达的时代，不知带何东西好。最终选择无棣的贝瓷茶具，南方人喝茶，显得档次高雅，贝瓷代表滨州本土文化。

我有一张二十世纪九十年代末照片，是去无棣汪子岛时拍摄。岛上植物繁多，生长旺盛，凤凰头、海麻黄、沙参等各种中草药遍布全岛。附近海域盛产对虾、梭子蟹、文蛤诸多品种，长十余公里的贝壳堤带，贝砂储存量三亿立方米。原始生态环境的贝砂带，形成于东汉时期，是世界仅有的三处贝壳堤之一。

坐在书房里，望着工作台上的照片，不仅看年轻的自己，还有脚下的贝壳堤。经考古专家鉴定，古贝壳堤距今五千多年历史。独特地理风貌，岸滩平缓，海浪不断把贝壳推向海岸，历经几千年的自然运动，形成古贝壳堤。

那一年上汪子岛采访，坐了一上午车，接近中午赶到地方。陪同的当地文化站宣传员，送来一些资料。在汪子村村口，遇到了刘姓老人，他告诉我们汪子岛，又名望子岛，名字与秦始皇有关。

相传，秦始皇派徐福东渡大和求取长生不老的仙药，他招揽千名童男童女，沿着古鬲津河，现在叫漳卫新河，在汪子岛登上官船起程。当时海运条件不发达，安全系数有限，徐福等人乘坐的官船，出航数日不见归来。这些童男童女的亲人放心不下，每天来到海边眺望远方。无边的大海，水面和天相接，有时一天看不到船的影子，只有飞翔的鸥鸟儿，留下一串叫声。天天向着东方望，渴盼中焦虑倍增，盼着孩子们归来，从此以后，名为望子岛。又因其四面环水，一眼望不到边，水洼成片，无边无际的芦苇，遮盖岛上大片土地，百姓根据当地的情景，又叫它汪子堡。

　　我们和刘姓老人交流，听他讲的民间故事，文献上是见不到的。他热情地说，来汪子岛就要吃鳎目鱼。我感觉新鲜，从未听过此鱼的名字，文化站的宣传员说，鱼的学名叫半滑舌鳎，俗称鳎目。鱼的营养丰富，汪子岛的鳎目鱼名声可以追溯到明朝，距今已有四百多年的历史。老百姓中流传很多的谚语："伏吃鳎目冬吃鲤""开河鲤鱼冻河梭，伏天吃鳎目"。刘姓老人说，汪子岛鳎目鱼体，背腹扁平，眼睛长左侧，脑袋和眼睛不大。清蒸汪子岛鳎目鱼味道好，做法简单，鳎目鱼刮鳞，放上姜丝、盐、味精和油，猛火蒸五分钟，撒上葱花，就可以吃了。

　　汪子岛的面积不大，六平方多公里，地理环境特殊，海水浑浊，典型的泥质海岸。海水中含有大量的微生物，是鱼类、贝类、蟹类的养料，在无边的海岸线上，数不清的贝壳形成条带。贝壳历经潮汐、风化，时间的打磨，早已失去棱角，碎贝砂散落大地。人们来到这里，面对贝壳堤无法表达激动的心情，古老的贝壳堤有传说。传说由后人整理，或某位文人骚客，被神奇的贝壳堤迷住，想象出美丽的故事。走在贝堤上，听着海水的涌动声，什么都不重要了。

中午饭在农家，大个馒头，上一盆清蒸汪子岛鳎目鱼。大铁锅，枣木枝子，清凉井水炖出鱼的味道，吃一次永远不能忘记。

看着照片，回忆过去的经历，想重返汪子岛，走在古老的贝堤上。我从无棣贝瓷厂买几套瓷茶具，作为送重庆朋友的礼物。

金丝鸭蛋

汪曾祺是我喜爱的作家。他老家高邮是水乡，人们养鸭子，善于腌鸭蛋。他将平常的咸蛋写得有滋有味。

袁枚在《随园食单》中，写下一则《腌蛋》，讲高邮的鸭蛋。汪曾祺觉得亲切，引用下一段："腌蛋以高邮为佳，颜色细而油多，高文端公最喜食之。席间，先夹取以敬客，放盘中。总宜切开带壳，黄白兼用；不可存黄去白，使味不全，油亦走散。"

汪曾祺赞扬家乡的咸鸭蛋，蛋白柔嫩，入口后不发干，特点油多。

汪曾祺未曾来过滨州，也未吃过麻大湖的金丝鸭蛋，它过去是皇家贡品。麻大湖产螺丝、蛤蜊、鱼以及虾。放养的鸭，吃完这些天然食物，所产的蛋"卵黄层层，紫赤相间"。腌制的鸭蛋煮熟后，蛋清和黄相交处，隔有蛋黄油圈仿若一圈金丝。

黄泥入盛具内，加盐和水搅拌呈糊状。鲜鸭蛋放进去，黄泥滚得匀。腌制的金丝鸭蛋，长时间存放不变质。

《博兴县志》中记载："麻大湖曰麻大泊以非麻大全湖也，俗称官湖以其跨在三县之间也，又曰锦秋浦以其风景如锦秋湖也，又曰鱼龙湾以其在金刚堰之北系麻大湖之一半也。"在博兴县城西南五公里处，博兴和桓台县交界处。古时候，以湖中金刚堰为界，北称博兴麻大湖，南称桓台麻大湖，湖面近三十平方公里。

二十世纪九十年代，我所在的《滨州广播电视报》，在博兴印刷厂印刷，每个星期三，我和同事去厂里校对清样。有一次，我们提前去博兴游麻大湖，乘坐"骟子"（小船），闯开水面绿色的浮萍。麻大湖港汊纵横，湖边绿树成荫，掩映的村舍，家家门前有小桥，停靠"骟子"。

小船在湖中滑行，听见芦苇丛中的响声，水鸟在水面滑翔，青蛙被小船惊动，从水中跳起。不远处有一大片荷塘，荷香扑鼻，让我们激动得大叫。清爽的风拂来，拨动江边的荷花。过了这个季节花凋落成泥，此情此景，不禁令人感叹，冬去春又来，四季更替。

听着蛙鸣声，闻着袭来的花香，船行于湖中，很少遇见人的身影，天空有鸟儿飞过，没有留下任何痕迹。远离人群的喧嚣，与动物和植物们为伴。更多的是投入自然中，进行朴素的交流。年轻的树，年老的树，平等生长，一条路的两边，新老生命的交替，一代代延续下来。

少年时，我家在后院养过几只鸭子，母亲挖一个坑，放入大盆，里面放上水，让鸭子浮在水里。春天抓的鸭崽，过了一个夏天，它就长大。后来可以产蛋，母亲攒起来，等小筐里的鸭蛋和筐口齐平，母亲把它们腌上。一个多月后，饭桌上，每个人分半只咸鸭蛋。

我的家乡属于山区，不似汪曾祺的家乡，有得天独厚的地理条件，养的鸭子争气，蛋下得勤奋。盐水腌鸭蛋，倒进点白酒，说这样腌的鸭蛋油多。

有时在想，如果袁枚吃过金丝鸭蛋，会不会《随园食单》也写上一篇麻大湖的金丝鸭蛋呢？